定位你的情绪开关
脑科学中的心理疗愈指南

[韩]许智元 著 [韩]崔尧翰 译

桂图登字：20-2021-014

Copyright © 2020 by 허지원
Simplified Chinese translation copyright © Jieli Publishing House Co., Ltd., 2024
Published in agreement with Gimm-Young Publishers, Inc. c/o Danny Hong Agency, through The Grayhawk Agency Ltd.

图书在版编目（CIP）数据

定位你的情绪开关：脑科学中的心理疗愈指南 /（韩）许智元著；（韩）崔尧翰译. — 南宁：接力出版社，2024.1
ISBN 978-7-5448-8025-1

Ⅰ. ①定… Ⅱ. ①许…②崔… Ⅲ. ①心理学－通俗读物 Ⅳ. ①B84-49

中国国家版本馆CIP数据核字（2023）第207796号

定位你的情绪开关：脑科学中的心理疗愈指南
DINGWEI NI DE QINGXU KAIGUAN：NAO KEXUE ZHONG DE XINLI LIAOYU ZHINAN

责任编辑：楚亚男　　装帧设计：崔欣晔
责任校对：阮　萍　　责任监印：刘　冬
社长：黄　俭　　总编辑：白　冰
出版发行：接力出版社　　社址：广西南宁市园湖南路9号　　邮编：530022
电话：010-65546561（发行部）　　传真：010-65545210（发行部）
网址：http://www.jielibj.com　　电子邮箱：jieli@jielibook.com
经销：新华书店　　印制：河北鹏润印刷有限公司
开本：880毫米×1250毫米　1/32　　印张：7.5　　字数：108千字
版次：2024年1月第1版　　印次：2024年1月第1次印刷
定价：49.80元

版权所有　侵权必究

质量服务承诺：如发现缺页、错页、倒装等印装质量问题，可直接联系本社调换。
服务电话：010-65545440

你的过去不代表你的未来

目录

推荐序 你不是太脆弱，只是活得太拘谨 1

自　序 请接受真实的自我 7

1 "戴着面具生活太累了" 1
- 脑科学家的话　直面时高时低的自尊 6
- 临床心理学家的话　面具越多样越好 17

2 "对不起，都是我不够好" 27
- 脑科学家的话　愤怒是低自尊的同义词 31
- 临床心理学家的话　努力即可，切勿消磨心力 42

3 "难道周围的人都是这么看我的吗？" 51
- 脑科学家的话　我们生来就在意自己的外在形象 56
- 临床心理学家的话　学会爱自己，不要把自己最擅长的事外包 61

4 "所以你终究会离开我吗？" 69
- 脑科学家的话　现在轮到你来守护自己了 74
- 临床心理学家的话　不要试图考验他人的爱 82

5 "如果做不到完美，还不如不做" 91
　•脑科学家的话　不用太完美，做得不错就好 96
　•临床心理学家的话　有好结果的话很好，没有就算了 104

6 "为什么倒霉的总是我？" 111
　•脑科学家的话　受委屈先别急着喊冤 116
　•临床心理学家的话　你的过去不代表你的未来 122

7 "你刚才那句话是什么意思？" 131
　•脑科学家的话　无端猜疑创造的"拼图游戏" 136
　•临床心理学家的话　定位你的情绪开关 143

8 "这样活着有什么意义？" 151
　•脑科学家的话　不要总想"为什么"，要想"怎么做" 156
　•临床心理学家的话　不要刻意寻找意义 164

9 现在是我们的故事 175
　在乐观与希望之间 177
　不打"无胜算"之仗 185
　优雅地面对失败 195
　我还不了解我自己 205

后　记 215

推荐序

你不是太脆弱，只是活得太拘谨

王轶楠（心理学博士，北京师范大学心理学部特聘研究员）

夜深了，但你还不想睡？你是在想着白天未完成的工作，还是担心明天的工作无法胜任？你是因恋人的冷漠而莫名神伤，还是对童年的心理创伤耿耿于怀？你也不喜欢这样瞻前顾后、忧心忡忡的自己吧？

这些看似不同的困扰人心的难题围绕着一个共同的核心——自我。而此刻摆在你面前的这本书——《定位你的情绪开关：脑科学中的心理疗愈指南》——即将为你开启一扇通向自我认识之门，她会借助深刻的共情、温柔的话语、丰富的阅历、科学的知识带你走出悔恨过往、忧心当下、恐惧未来的迷雾，走向自我悦纳、自我善待、自我转化的康庄大道。

本书结构统一，内容自成一体，每一章都会从生活实例入手，随后从脑科学家的角度，剖析心理痛苦的根源和机制，最后从临床心理学家的角度，提供现实可行的训练方法，最终指导人们突破认知偏差，舒缓消极情绪，建立有效的行为方式。具体来说：第一、二章从内隐自尊和外显自尊间的异质性，探讨了努力与成就之间的转化；第三、四章从自我认可和他人认可间的兼容性，探讨了缺爱与怕爱之间的内在联系；第五、六章从完美主义和成就焦虑间的因果性，探讨了内部归因与外部归因之间的互动；第七、八章从过激防御到自我放弃间的共通性，探讨了抑郁与意义之间的动力；第九章从充分准备到优雅失败间的辩证性，探讨了乐观与希望之间的差异。

虽然市面上不乏以自我提升为主题的图书，但像本书一样可以鞭辟入里地将心理学领域的多个理论、证据和方法融合在一起的著作并不多见。本书的鲜明特色具体表现在以下四个方面。

首先，理论丰富而不繁杂。书中提到了多个心理学理论和概念（如精神分析、依恋理论、认知偏差、归因理论等），但阅读起来并不晦涩，因为作者巧妙地将理论和概念融合在通俗的介绍与深入的分析之中，既增强了讨论的深度，又不会增加读者的认知负荷。

其次，科学可靠而不艰涩。书中提到了很多脑科学的研究成果，来自多年追踪、多项元分析、多个脑成像实验的研究成果，极大地彰显了证据的前沿性、基础性、可靠性与可信性。比如，早在一百多年前，弗洛伊德就曾提出，"自我"不同于"本我"。"自我"遵循现实原则，它力求准确地反映现实情况，做出合理的选择；"本我"聚焦于快乐原则，追求原始欲望和本能。但直到2010年，多位神经科学家才通过对默认网络（DMN）的研究解释了弗洛伊德所说的"自我"功能。所谓默认网络是与"无所事事的清醒状态"相关的脑神经网络，大量认知神经科学研究证实，默认网络一方面持续为处理自我和他人相关信息的大脑区域做准备，另一方面又参与抑制与快感和兴奋相关的大脑区域。由此，默认网络就像是弗洛伊德所说的"自我"的现实物质化形态。

再次，操作简约而不简单。本书不仅有说理，还为读者提供了很多现实可行的自我训练方法。比如，书中提到了一个有助于人们恢复内心平静的方法——蝴蝶拥抱，就是将自己的双臂交叉放在两边肩膀上，两只手轮流轻拍肩膀。闭上眼睛，慢慢呼吸，不停地说"没事的，真的没事的"，慢慢地轻拍自己的肩膀会让过度活跃的大脑调整呼吸。这一动作看似简单，效果却很好，在作者本人的心理咨询实践中也是屡获成功。

最后，语言通俗而不媚俗。本书不仅通俗易读，而且字句颇具张力与活力，值得细心品味。阅读时，我忍不住把书中的一些字句摘抄在笔记本上，用以时时提醒自己、鼓励自己——"我们的面具并不是源于低自尊的惺惺作态，也不是讨好他人的伪装，而是我们追求更好生活的技术与能力""我们可以通过'重新养育'来逐渐变得'健壮'，在焦虑的旋涡中优雅地昂首阔步，拒绝和把'我'当作情绪垃圾桶的人接近""努力即可，切勿消磨心力。了解即可，切勿过分在意"。

《道德经》曾发问："爱民治国，能无为乎？天门开阖，能为雌乎？明白四达，能无为乎？"而本书告诉我们，只有坦诚接纳"我还不了解我自己"，才能保持一种无知无为的状态，一个人如果能"专气致柔"，便能集结自己的心力，保持元气与精力，调和意识、无意识和潜意识之间的关系，从而获得内在强大的精神力量，以及源源不断的社会支持，永葆一份赤子般的好奇、投入和真我，做到"生而不有，为而不恃，长而不宰"。

作者不仅是一位研究大脑机制的科学家，还是一位经验丰富的临床心理学家，她将自己对于专业和来访者的热爱融入本书的每一章，带着深刻的共情、清晰的判断、灵活的掌控写下了这本书，她坚定而温柔，理性且包容，博学又谦逊，让我们十分愿意接近她，相信她，追随她……并进一步，带着她带给我们的共鸣、智慧以及开放的心，去探索和创造真正属于我们每个人的特色与生活。此时，我们已经离真正了解自己不远了。

自序

请接受真实的自我

在对形形色色的人进行研究或问询的时候，我总能看到人们各自不同的故事背后的影子。那些对实际的自己与自我认知的自己不同而故作不知的，那些在被意识到之前就掩埋起来的自我碎片，都是那个人的一部分。这本书就是为了让你接受真实的自我而存在的。

假如你总是觉得自卑、焦虑、抑郁、痛苦，因为思考活着的意义和自身的价值而不能好好爱自己（任意贬损自己）的话，我想告诉你，也许你错了。你不是你认为的那种人。可以的话，我想不停地提醒你这件事。

这本书从脑科学和临床心理学这两个角度来剖析心理问题。虽然这两个学科有很多地方重叠，人为区分有时过于简单，但我还是想把你的大脑和内心想要传达的信息讲给你。

我是学临床心理学的。这门学科包括临床实务和科学研究两方面。踏进这个领域，就意味着研究者既要参与来访者的心理咨询治疗，还要掌握并在临床实务中灵活运用最新的研究方法与研究成果。

心理学硕士毕业后，我在精神医学科进修了三年，其后选择在当时还比较陌生的认知神经科学专业继续攻读博士学位。选择这个领域，是因为我认为如果能以磁共振成像（MRI）拍摄大脑而将心理治疗的效果通过科学研究展现的话，困在情绪沼泽中的人们应该能够更快地决定接受心理治疗。

因此，在过去的十多年间，我和优秀的老师们对心理学领域的诸多方面进行了研究。研究范围从情绪障碍、人格障碍、精神病高危人群、自残或自杀、认知行为治疗应用（心理成长项目"魔性的拍拍"）到虚拟现实治疗项目的开发，以及运用磁共振成像的效果认定等。

不管用什么样的研究方法，面对什么样的课题，每次研究我的心态都是一样的。

那就是做能救人的研究，哪怕只救一个人。

随着研究的深入,我越来越觉得有必要向普通大众传达心理学和脑科学方面的丰富知识。

如果能用简单易懂的语言向大众传达科学研究成果,那是不是可以让更多的人热爱生活呢?

这就是我这本书出版的缘由。

创作时,我开始重新审视自己内心的忧郁和焦虑,这个过程一度让我觉得写作非常痛苦。但一次偶然的机会,《精神医学新闻》上连载的我的文章受到了大众读者的热烈回应。我记得当时给我发来反馈的读者很多,有的会对文章中的幽默会心一笑,有的会因无意间触碰到伤心事而哭泣,有读者留下评论"打一巴掌再摸摸头",也有读者留下评论"读完后没有遗憾"——这句评论对我来说意义深远,当然还有默默地把文章读完放在心里的读者。我想说,多亏有你们在,我才能坚定地完成我的书稿。

安昌一教授,在我本科和研究生阶段还不成熟的时候,就向我展示了理想中咨询家的样子;权俊秀教授,不断地向我展现科学的洞察力,让初入学界的我每天都保持旺盛的好奇心;张大益教授,他是一名天生的研究者和作者,很爽快地为本书写了推荐语……

还有不断引导慌乱迷茫的我做学术研究的学界同人们,我想对你们表示衷心的感谢。

此外,我要对长期以来包容我的不成熟、给我安全与依恋的可爱又可敬的丈夫李成勋,以及每天下班时挂在我的脖子上发出幸福感叹的我们家孩子,表达无法用语言形容的爱和感谢。感谢我的公公婆婆。

最后,向我的父亲许洪泰、母亲刘永信、双胞胎弟弟许智秀致以深深的感谢。实在抱歉总是让你们困惑"在外出息的闺女为什么在家如此不堪"。非常爱你们。

"我感觉自己太虚伪了!"

K在咨询中反复提到了自己的低自尊。

"我在家人、朋友们面前和在职场上的样子完全不一样。在某个人面前是一种样子,在其他人面前又是另一种样子,真的太虚伪了。"

他的声音越来越低。

"就这样戴着面具过一天,回到家后,我会筋疲力尽地呆坐好一阵子,有时候还会打开冰箱门吹一会儿冷气,想象着把脸上的面具摘下来。为了得到周围所有人的喜爱,我给自己戴上各种面具。现在,我摘下了面具,混乱的日子过去了,但又感觉自己像是被困在寂静的炼狱里。"

K的每一句话都说得很坚定,就如他的想法一样。据他所说,他在家的时候一直闷闷不乐,但一出门就会像什么事都没有发生一样,和别人相处得很好。等回到家,和妈妈、弟弟在一起的时候,他又会疯了一般地发脾气,说出伤害家人的话。

在他的记忆里，从小学开始，家里就只有母亲抚养他。生活拮据，他必须独自承担家务，上学期间还要帮着上班的母亲照顾弟弟。而在这过程中，他从未得到过母亲的称赞和认可。

"自尊从未得到过提高。"

为了得到妈妈和周围人的认可，K做什么都很努力，所以取得的成绩和人际关系都还算不错。然而问题就在于，因为伪装得太好，没有人察觉到K的心情每天都有好几次跌落到无底深坑里，无法自拔。

独处的时间是最痛苦的，相比之下，和别人在一起的时候能开心一些。为了活跃气氛，他会开一些无聊的玩笑，看到其他人开心的样子，自己的心情也会变好一些。

但这些快乐只是暂时的，回到家后K的生活便会恢复原样，重新回到惨不忍睹的样子。K有时依靠酒精才能入睡，时常觉得总有一天人们会察觉到他的本来面目，因感到失望而远离他。这样的恐惧越来越深。

不久前，K下班回家洗手时甚至动了自残的念头。他意识到自己这样下去会出大事，才下定决心接受心理治疗。

"不知道我每天活着有什么意义，每天都戴着面具演戏的生活太累了。与其这样虚伪地活着还不如从世上消失呢。"

脑科学家的话

直面时高时低的自尊

生活中很多因素都会降低人的自尊，而且会在大脑中留下长久的伤痕。许多心理学家和脑科学家一直在研究发生这种情况的原因。

研究表明，降低人的自尊的原因有很多。最常被提及的就是主要抚养人的放任、漠视，以及生理和心理上的虐待。有些主要抚养人不能提供适合孩子成长的精神和物质环境，有时甚至以病态的方式入侵孩子的心理，试图操控孩子。这样的养育态度会导致孩子对"自我存在"的不确定。家庭不和同样会降低孩子的自尊。

除了家庭内部的因素，个体的低成就水平和外部环境也是低自尊的影响因素。交友时遭遇挫折、被集体排挤的经历（低社会成就）、没有应聘上心仪的工作（低职业成就）都有可能降低我们的自尊。

当我们的社会经济地位*明显低于他人时，我们的自尊也会受挫。

受到他人攻击的经历也是危险因素之一。就算没有受到直接的攻击，加害于弱者的媒体舆论和社会氛围，对少数群体歧视的相关记忆都会在个人成长过程中损害自尊。

而且，上面列举的事件都会影响大脑的功能和构造。**父母错误的养育方法、个体长期的低成就水平和偶然暴露于攻击性的环境等，都会导致个体的大脑无法得到充分发育甚至萎缩，也就是说大脑皮质的体积会变小。**

一般提到"大脑"，我们心中浮现的形象便是大脑皮质。那里聚集着大脑的神经元，呈暗灰色，因此又称灰质。因为灰质会参与情绪、注意力、记忆、决策等人类的所有精神活动，所以灰质体积的下降不是一

---

* 在心理学研究中，社会经济地位往往通过个人收入、受教育水平、居住地稳定性，以及父母的收入和受教育水平等多因素综合考量而确定。

个好兆头。这意味着我们解决问题所需要的"硬件"能力会下滑。

降低自尊的诸多因素会影响大脑皮质的生长，大脑皮质的问题反过来又可能会导致自尊降低。

低自尊会以特别多样的方式呈现在人们面前。有可能是追求成就的欲望降低，有可能是类似于抑郁症的情绪障碍和焦虑症，也有可能是自杀的想法。

当然，也有人对于高成就水平有过大的抱负，执着于成功和完美等特定的价值。这样的人，虽然小时候看起来自尊水平很高，但长期如此，自尊就会降低。如果随着年龄的增长，他无法实现自己的雄心壮志，那他的自尊常常会跌入谷底。

虽然表达上有所不同，但有几个关键词贯穿始终，那便是成就和抱负。

* * *

成就和抱负

日常生活中我们常用的"自尊"一词，是美国心理学之父威廉·詹姆斯在1890年最先引入心理学领域的概念。当时，他将自尊定义为"成就水平除以个人目标"。公式如下：

自尊＝成就÷抱负

如果成长过程中，你的成就和抱负一直都保持在高水平是最好的，就算成就有时候达不到预期，只要你的抱负维持在一定水准，自尊就不会变低。

> 为了维持高度的自尊，提高成就水平或降低对自己的期待是明智的方法。
> ——美国心理学之父　威廉·詹姆斯

然而，20世纪60至70年代，国际社会开始流行一种文化，相比牺牲自己为社会做贡献，更强调个人主义，甚至还草率地认为孩子的低自尊会导致日后学业的失败，社会给个人的自尊赋予了过多的意义。

那时的人们普遍认为，一个人应该有更高的自尊，那才是一个帅气、健康、成功的人，却无视个人的现实状况和原本程度适当的抱负。

人们不关注威廉·詹姆斯的深刻洞察，认为要想提高自尊就必须取得成就，为了成就，又必须有更大的抱负。这种有关自尊的错误信息开始侵入社会的各个角落。

后来，所谓的"成功学"作家们接连以错误的方法定义了人生的成功。他们广泛传播一种将个人的低成就、人际关系问题、生活中遇到的各种心理问题都归因于个人低自尊的理论，不断将责任推给个人。

"难道不是因为你不够努力吗？"

"你生活得有多热烈？"

"那是你自尊的问题。"

现在很多人开始为自尊而苦恼。这个问题在全球盛行，甚至出现了测量三四岁幼儿自尊的问卷。亚洲金融危机期间，国际货币基金组织终结了韩国最后的浪漫时代，一方面人们将成就和失败归咎于个人资质问题，另一方面，个人不得不付出越来越多的努力来掩饰自己的低自尊。

***

现实中不存在绝对高或绝对低的自尊

我在大学讲课时说过,所谓的高自尊就像"和蔼的指导教授"和"不需要父母帮助的孩子",如同神话中的独角兽,是不存在的假象。

市场上泛滥的"成功学"作品里提到的高自尊标准已经达到了"有必要这样吗"的程度,我们正常人的自尊似乎不可能达到那个水平。虽然社会高自尊的标准只是海市蜃楼,但这种海市蜃楼降低我们自尊的情况并不少见。

你认识在任何情况下都能保持高自尊的人吗?现实里存在那样的人吗?那你认识低自尊的人吗?嗯……那就是我们自己。

当然也有人看起来自尊"很高"。但是,他每天也是怀揣着上下颠簸的自尊而活着的。

即使是看起来自尊很高的人,其实也和我们一样。有时候自我感觉还不错(也许就是现在这个时候),有时候心情会跌落谷底，不过他也在坚持，挣扎着收拾残局，努力生活下去。

近期出现了"状态自尊"这个词。这个词意味着自我价值感可以根据生活状态而发生改变，也就意味着我们每个人都拥有依据情况而改变的自尊。

很显然，每个人"自我感知"的自尊、自我价值感越低，精神出现问题的风险就越高。但回过头来我们会发现：

自尊问题不是因为我们的人格不够成熟，或是社会、职业成就水平低而产生的，而是由于我们自己轻视自己的成就，以过于严格的标准进行自我评价所导致的。

在强调自尊的社会里，希望我们对于一直努力生活的自己能够宽容一些。希望大家能毫无偏见地、从容地去看待我们时高时低的自尊。

有时我们从别人那里得到好的反馈，自尊得到提升的话，那也是好的，这是值得感谢的事情。虽然这种情况可能会增加依赖他人评价的风险，但其实我们的自尊就是以这种方式提高的,我们的大脑就是如此运作的。比起伤害自尊的负面评价,我们更喜欢听好听的话。

美国著名神经科学家马修·利伯曼是加州大学洛杉矶分校心理学、精神医学、生物行为学系教授。他在代表作《社交天性》开篇就介绍了"对听众反馈做出反应的大脑"的相关内容。

称赞是可以给大脑带来快感的一种奖赏,是我们自尊的基础。大脑中对舒适的物理接触做出反应的区域,对称赞这种提高自尊的心理接触也呈现出了类似的活跃反应。

如果仔细观察自尊高的人的大脑,就会发现,与奖赏性快感经验相关的大脑区域和负责自我概念的大脑区域有着紧密的联系。这意味着称赞不仅会对大脑的快感区域产生影响,还很有可能会对处理自我相关信息的大脑区域产生影响。

相反,自尊较低的人的大脑里,这种联系明显较少。他们的大脑结构会导致他们即便听到称赞,也会把称赞和自我概念处理为两码事。与积极的反馈相比，他们的大脑更加关注负面反馈。

实际上，你可以对自己更自信一些。

* * *

安心地接受称赞

一般来说，我们的大脑只要受到称赞，就会把它作为奖励而接受，再把它与自我概念连接在一起。

这里我想强调一下，要改掉受到好评或者称赞时反射性地回答"不是的"这一习惯。如果别人的称赞使你的心情变好了，希望你能安心地接受这次称赞。

当然，生活中突然受到表扬，你可能会有点尴尬，自认为自尊较低，甚至可能怀疑对方别有意图。于是就像往常一样，谦虚*地说："不是的。"

如果你经常对称赞说"不是"的话，那大脑的反馈机制就真的会把"称赞"这种奖赏性快感变成"不是"的负面反馈。我们会被自己的话束缚住，产生"不是我做得好"的想法。听者也会逐渐认为"嗯？看来真的不是他做得好"。如果每当有人夸你的时候，你总是一本正经地回答"不是"的话，长此以往，周围的人也渐渐不再称赞你。他们会觉得反正你一直说"不是"，为什么还要夸呢。如此一来，被称赞的频率减少，我们必然会在某个瞬间陷入这样的思考：

为什么没有人称赞我呢？难道我真的很没有用吗？

在这种不安的反思中，大脑反馈机制会对我们自己内外部信息的隔阂和偏差变得越来越敏感，并且在解决这种认知失调的问题时，容易习惯性地低估我们

---

* 谦虚与自尊无关。在任何情况下都谦虚的人中，其实有很多自恋的。我的博士课程指导教授曾说过，没有过人成就的人的谦虚是一种傲慢。"我做了这么伟大的事情，为什么大家不表示尊敬呢？"由于直接吐露这种过度的自爱和欲望太过于危险，所以形成了以相反方式表达的防御机制，即"反向形成"。我们可以在做到真正了不起的事情时表现谦逊，对微不足道成就的称赞就欣然接受吧。

自己的价值，也更加容易陷入曲解他人意图的恶性循环中。

弄明白大脑的行为模式后，在日常生活中，就要咬紧牙关练习回答"谢谢夸奖"来表达谢意，或者说"不错吧？"，然后一笑而过。日复一日坚持就会成为习惯。当有人夸奖你的时候，不要给自己的大脑构筑不必要的迷宫，希望你能更坦率地接受快乐的感情。

小时候，你的大脑就是这么自然而然地、愉悦地接受着大人们的称赞。在放松心态、不断接受积极反馈的过程中，我们的大脑会慢慢发生改变，不再像之前一样过分关注我们收到的负面反馈。

说不定这次你做得真的很棒。

欣然接受称赞，不要让大脑如此疲惫。

临床心理学家的话

面具越多样越好

情绪障碍、焦虑症、自杀行为等与低自尊有着密切的关系。

怎样才能摆脱低自尊的束缚呢?

个体自尊的高低在很大程度上取决于父母的养育态度。但可惜的是我们小时候,包括父母在内的主要抚养人,并不能像心理学教科书中所说的那样照顾我们。当二三十岁的主要抚养人因为烦躁而对孩子感情用事(随心所欲地发泄感情)时,孩子会不知缘由地被迫接受这些负面情绪。在主要抚养人为生活所迫而不能照看孩子的时候,孩子有时需要自己照顾自己的生活,甚至还要承受来自父母的压力,独自熬过这段时间。

考虑到包括家庭在内的社会关系对孩子自尊的发展起决定性作用——这显然是个重要的问题——就像很多心理问题一样，我们需要退一步才能看清问题的全貌。

* * *

客观评价父母的养育方式

你想过父母生我们时的年龄吗？跟你现在差几岁？想想他们做父母的年龄，我们就能知道父母曾经是多么年轻，多么不成熟。

遗憾的是，养育我们的父母一代很可能没有经历过温暖的爱情。他们要么被剥夺了表达爱意的机会，要么年纪轻轻就迫于社会压力决定结婚，有些甚至连自己的人生都不知该如何去面对。也许他们根本不清楚自己真正想要的是什么。他们不了解自己，也并不成熟。这是那个时代决定的。

孩子如果长期生活在不健康的养育环境中，会产生自我毁灭性的想法和情绪。在孩子无法理解的世界里，他坚持生存下去的唯一的方法就是"怪自己"。

当然，我并不是想劝受困于原生家庭问题的人理解养育者——这是感性而不合理的，只是我们有必要从受害人的角度跳出来，与问题保持距离，理性看待小时候的成长情况。只有客观地评价父母的养育方式，才能处理现在一团糟的感情问题。

"我不应该被这样不当地对待！虽然那样的经历真实存在，但那并不是我的错。只是因为我的父母也曾年轻，不够成熟而已。"

即使那时候抚养者们各自的生活也相当不易，但假如他们给予我们更多温暖的话，我们现在说不定会成长得更好。至少，如果父母能看着我们的眼睛，笑着说出"即使你什么都不做，我都喜欢你"这样温情的话，我们可能在很小的时候就能表现出较高的自尊。

但是年轻又不成熟的抚养者没能照顾好更幼小的我们，在将我们的"自尊"提高到健康水准这一"任务"中，他们失败了。虽然很遗憾，但这已经过去了。

那么，我有一个问题想问你：他们的失败是否意味着你的失败？很显然，那些过去的故事造就了今天你的一部分，但除此以外，你的其他部分是什么样子呢？

过去的各种情况可能会导致你缺少提高自尊的机会，但是我相信，与纠结落在自己身上的霉运相比，你更愿意为了照顾自己和自己的自尊而翻开这本书，所以在这里我想介绍几个提高自尊的方法。

第一，不要向家人发火，这是无济于事的。 最近的研究显示，愤怒这种情绪只会越发泄越让人怒不可遏。

我们可以通过阅读他人的故事来疏解自己的情绪，比如读书、看电影、听音乐。而向实际对象表达尚未平息的愤怒只会增加我们自己的不快感、负罪感和羞耻感。

大家都曾经向家人发过火吧？那么根据大家的经验，发火或者表达愤怒之后，问题解决了吗？既然是毫无收获的情绪表现，我们又何必坚持呢？如果通过这样的方法能宣泄自己的情感并解决问题的话，发火是无可厚非的，但本质上愤怒不能解决任何问题。

我们应该尽可能在物理和心理上远离降低我们自尊的家人，而非陷入情绪上的纠结。如果你认为没有得到过抚养者的无条件支持和接纳，而这导致了你的低自尊，那么你就应该寻找让你觉得舒适、足够成熟、能够帮助你自我修复的人，寻求机会以重新构建成熟的内心世界。

"让你觉得舒适的人"，一定要能够完全肯定原本的你的存在，他/她可以是你的心理医生，可以是你爱的人，也可以是你自己。

在与他们交流的过程中，如果你听到了鼓励或者支持你的话语，希望你能欣然接受。

不要总是怀疑对方的好意。

他/她可能看到了你身上你没有发现的优点。请接受关于你自己的一个个故事，重组散落的一片片自我。

第二,"假装"自己的自尊很高。 这并不是让你去学习表面上自尊很高的人的生活态度,而是要每天坚持练习高自尊的人的行为,让这些行为渗透到你的生活态度当中。

坚持练习高自尊的人的行为

- "假装"对自己的生活很专注。
- 不要对别人的话反应过于激烈,即使心里不舒服也"假装"毫不在意。
- 遇到尴尬的情况,"假装"以幽默来回应。
- "假装"适应一个人吃饭或一个人独处。
- "假装"不在乎周围人的看法、不在乎失败。
- 不要把所有事情都表现在社交软件上。

这种"假装"会在某一天给我们带来一张安全又有效的"面具"。

事实上,当瑞士精神心理学家卡尔·古斯塔夫·荣格在心理学意义上借用古希腊戏剧中"面具"(persona)一词时,并没有像现在这样带有贬义。

根据荣格的理论，每个人都有一张人格面具来应对社会压力，并且在不同的情况下，人们都会戴上合适的人格面具来建立社会关系，但与这种面具人格有关的压抑、孤独或膨胀，会成为病态性的问题。

一千张面具

独处时的我，与他人相处时的我，以及参加社交活动时的我当然应该是不同的。如果你以居家时的状态和模样去参加重要的聚会，那反而才是病理性的状态。

假设你把朋友A介绍给B，但A说不想让你和B看到虚假的自己，于是以自己在家的样子说话做事的话，那么你和B势必都会对A的无礼感到不快。

如果你执着地认为"只有自己知道的自己"和"给别人看的自己"要一致，并误以为这是一个高自尊的人的特质的话，那么这个想法就需要被修正。在自己的各种状态中，有可能存在一些难以被他人接受的部分，所以如果你过于强调这一点，并赋予其过多的意义，那么可能会产生"只有能接受我的一切的人，才是真正的朋友或爱人"的幻想。

只要你和你的心理医生知道你的低自尊就够了。我们必须学会如何处理这种感觉，不要向周围所有人展示你的所有面具，并一一为自己辩解。因为他们每天也都过着沉重的生活，有时还戴着为你准备的专属面具。

人格（personality）一词就来源于面具，这表明我们的性格本来就是多层次的、复杂的。我们既善于交际，同时也喜欢独处；既善于与他人产生共鸣，又能比任何人都更加尖锐地批判他人。

再强调一遍，戴着面具生活完全没有关系。这一千张面具并不是低自尊的表现，也不是需要我们挣扎和痛心的问题，更不是你幸福生活的障碍。

你可以有一个看起来高自尊的面具，也可以拥有一个对他人友好、社交能力强的面具。只要是你能在不勉强自己的情况下适当使用的面具，你想拥有多少张都是没有问题的。

我们的面具并不是源于低自尊的惺惺作态，也不是讨好他人的伪装，而是我们追求更好生活的技术与能力。

今日作业

你的自尊是一直很低,偶尔会变高,还是既不算高也不算低?通过具体的事例重新审视一下自己。

考虑到我们多样、多层次的自尊和性格,我们要偶尔鼓励自己说"我今天不错",感受一下自尊提升的感觉,请牢牢记住这些成长的瞬间。

希望你每天都会变得更好一点儿。

2

「对不起，都是我不够好」

自责

P的工作能力和社交能力都不差，但即使是在相对随意的场合中他也经常说"是我做得不够好""我不太懂"之类的话。这个习惯让与P相处的人很不自在。

P的这种语气在心理治疗期间也曾多次出现。每当我想回顾过去事件的一个焦点问题或对P的行为进行诠释的时候，他就会重复"对不起，都是我不好""还真的是我的错"这样的话，表现出过于顺从的样子。

这种习惯经常导致咨询中断，我们很难实现更深层次的洞察。因此即使经过了很长时间，P的心理咨询也没有很大进展。

其实P决定接受心理治疗，是因为他虽然表面上很自责，但实际上难以控制内心沸腾的怒火。现在这种情绪常常浮现在他的脸上，仿佛积累的愤怒在等待爆发的时机。

根据P自己的说法，不知从什么时候开始，他在公司开展工作时，会经常因为某些后辈听不懂他的指示而气得火冒三丈，气氛变得异常尴尬。而和不喜欢的前辈一起工作时，他虽然表面上会服从指示，但也会因为控制不住心中的愤怒而把事情处理得一塌糊涂，导致多次被骂。

每当发生这样的事，P都会在愤怒过后给同事发短信说："对不起，我给您带来了不便。"但同事们都没有回复。反复的致歉让他表面上的自尊已经触底，人们甚至怀疑P是否真的怀有歉意。他们不明白他为什么突然生气，回过头又不断道歉，这种做法，让他们觉得很不舒服。

脑科学家的话

愤怒是低自尊的同义词

让我们花点时间想想自己的自尊处于哪种水平。是还可以，是很低，还是太高了？

大多数人都会低估自己的自尊，这种情况下他们表现出来的行为主要分成两种。

第一种人会因为缺乏自尊而在社会交往中畏缩。他们习惯于依赖他人，对自己的名声异常敏感。

这种情况，他们总归咎于自己多愁善感的性格，但其实这是一种情绪上的不稳定，表现为心神不宁，坐立不安。

对于这类群体，有一个不属于正规心理学术语的说法叫"好孩子综合征"，习惯于依赖他人的人常常给自己贴上这样的性格标签，不愿面对自己无意识的欲望和焦虑。他们不愿对外表露负面情绪，而这恰好是为了在不友好环境中生存下去而养成的习惯。这样的人从小就对别人表现出很宽容的态度，反而对自己异常苛刻。

具有这些特征的人，如果一直用这样的方式生活，个人成就会远远低于实际能力。当他们拥有100的资源时，不知为何他们的成就表现会停留在70或80。

类似的故事会在他们人生的各种关键节点反复发生，他们会在获取应得成就的瞬间做出奇怪的事，选择逃避或者拖延。

他们有时会认为自己没有成功的资格，害怕自己真的成功后会遭受某个竞争对手的批评，或无意中伤害那些没有取得成就的人。这种对于成功的焦虑可能会浮现到意识的顶端，也可能在潜意识的层面上活动。

所以，每到人生的关键时刻，他们就会因为身体真的出现什么毛病或某个方面不顺心而放弃；每当事情取得长足进展的时候，他们就会感受到模糊的不舒服而停止前进。最后，猛然发现自己与儿时的梦想渐行渐远，内心也会崩溃。

"我不想再当好孩子了！""我都这样了，那个人是怎么回事？""我有很多梦想，但现在怎么落得这般田地？"诸如此类的想法会让他们的内心生出无法抑制的愤怒。而周围的人会感到非常诧异："那个人居然会发火？"

第二种人会选择非常努力，以过度补偿自己的低自尊。这些人常常很傲慢，喜欢摆架子，喜欢表现自己，试图给自己打造完美主义的形象。但实际上，他们不仅很难受人欢迎，而且由于他们太高估了自己的魅力和能力水平，很难改变自己的行为。

综合这类人自己的描述，小时候他们有些畏畏缩缩的，有时候在人际关系上也会有一些问题，但现在他们对别人很宽容，对生活的方方面面都充满了自信。他们周围的人可能会想：宽容？你说的是谁？但他们肯定不会说出口，因为说出来也毫无用处。

* * *

外显自尊和内隐自尊

低自尊的人和过度补偿自己的低自尊的人，都会在莫名其妙的情况下突然表现出愤怒或好胜心。

比如对别人的缺点或失误大发雷霆，或者在事情没有那么严重的情况下严厉地指责别人。当他们的自尊或存在的价值和理由感受到威胁时，他们会率先发起攻击，让周围的人不知所措。

"愤怒"是"低自尊"的同义词。

P就是这样。

但问一个人的自尊是低还是高，对理解一个人的行为并没有什么帮助。我们不应该只问自尊的高低，而更应该看看其外显自尊和内隐自尊的关系如何。

从结论上讲，P是外显自尊低，内隐自尊高的例子。

自尊主要分为外显自尊和内隐自尊。外显自尊是一种外在的、可被自我意识到的自尊，比如自我偏好、自我接纳、自我价值感等。是对他人眼中的我（"我"所认为的）所进行的合理而有意识的评价，是一种有意识的、可控而明确的自尊。

如果你可以自信地评价自己："我在这样的背景下取得了这样的成就，我可以和这样的人相处，我是拥有这样外貌的人。"那可以说你的外显自尊很强。

相比之下，内隐自尊是更难被察觉的、动态的自我或者自我评价，其自动运作的机制十分复杂。这种自尊有以下几方面的特征。

第一，内隐自尊是前意识的。前意识是由奥地利精神病医师、心理学家西格蒙得·弗洛伊德提出的。对处于前意识中的内容，虽然我们平时想不起来，但它也没有被压抑到无意识之中，只要被合适的问题或线索触发，它就能通过回忆浮到意识的层面。

例如，当被问及小学时是什么样的学生时，我们会回想起自己曾忘得一干二净的事情，说："对啊，我以前是这样的小孩啊！"这种前意识的自尊便会表现出来。

第二，内隐自尊表现出自动的、相互联结的形态。内隐自尊对个体来说是过于熟悉的存在，就像一台自动售货机，不需要控制，也没有机会去控制。

内隐自尊低的群体在遇到与过去类似的情况时，会出现与过去类似的消极自我认知。当处于灰色记忆的情境中，这类人会习惯性地自责："啊，对了，我本来就是那样的人……"哪怕从表面上看他是一个自尊很强的人，但我们还是能看到他无法摆脱过去影响的样子。

第三，内隐自尊会直接呈现出非语言的状态。内隐自尊不是以"我是这样或那样的人"来表达的，而只能通过对自己模糊的印象和想法来表达。

通过让被测试者在不受限制的前提下对模糊的刺激进行反应，引导其将独特的心理状态投射于刺激反应之上的心理测试被称为投射测试。其中，有一种叫"房树人"的绘画测试。在这个测试中，我们可以频繁地看到有关个人自尊的内容。

第四，内隐自尊与自我意识情绪相连。所以当个体的内隐自尊不稳定时，就算平时没有问题，在某些时刻，也会产生内疚感、侮辱感、羞耻心和嫉妒心等负面情绪，然后崩溃。

由此我们可以知道，每个人的外显自尊和内隐自尊在很多方面是有区别的，包括情绪、思维、记忆和行为。

* * *

唤醒你的自尊

那么我们的大脑是如何处理外显自尊和内隐自尊的呢？

一项以公众为对象的研究发现，大脑中与这两种自尊相关的区域是重叠的，很难做出区分。借助多体素模式分析（MVPA）技术，我们能更细致地观察大脑图像。有研究表明，处理内隐自尊的区域与大脑的奖赏回路有着特殊的关联，于是这项研究（考虑到以往的研究报告表明外显自尊和奖赏回路有关）初步得出了涉及外显自尊与内隐自尊的脑部区域较为相似的结论。

有趣的是，这个奖赏区域在受到别人表扬的时候会被激活，同时对他人怀有感恩的时候也会被激活。事实上那些时常能意识到自己人生价值，并对凡事都抱有感恩之心的人，他们的外显自尊和内隐自尊都很高*。其中的因果关系需要进一步分析，这个新的假设也需要被反复验证。**如果你现在难以立即得到别人的支持和认可，那么静静地回想一下你生活中值得感恩的事情也是一个不错的选择。试一试，这也许是唤醒你自尊的一种方法。**

同时，由于大部分研究都是针对没有心理问题的正常人群进行的，其研究结果有一定局限性，所以在自尊较低的临床人群当中，我们会看到一些不同的情况。

有一项针对重度抑郁症患者大脑功能模式的研究，观察其大脑是如何处理积极或消极的自我信息的。尤其关注的是抑郁症患者的神经活动在外显性和内隐性信息处理中的特性。

---

* 在一项关于特质感恩与内隐自尊关系的研究中我们发现，即使在统计上排除抑郁这一变量，两者之间的联系仍然是有效的。然而在男性身上却没有这种效果。

这项研究得出两个主要结论。

首先，慢性的抑郁症患者在处理负面刺激（如抑郁、眼泪、内疚感等）时，与自尊相关的大脑区域活跃性竟出乎意料地显著下降了。

为什么对照组（正常人群）的大脑对于这类与抑郁相关词汇的反应相当强烈，而抑郁者的大脑对这种信息反而没有反应呢？

之所以出现这样的结果，也许可以解释为抑郁者在经历长时间抑郁状态之后情绪反应钝化。他们长时间沉浸于抑郁的情绪，对新的负面刺激不再有特别的反应。

"我知道我很差劲，我懒惰，没有才能，没有天赋，没有幽默感，一无是处，这是不争的事实。"

他们带着扭曲的信念，胡乱寻找"证据"来证明自己的缺陷。对他们的大脑来说，负面信息不再是新的信息。由此可以得出结论，当人感到非常无助时，接收到的自我相关信息不管是正面的还是负面的，都不会让大脑兴奋起来。

此外，研究还显示，抑郁者大脑活跃性的衰退和他们对自我信息的外显性处理有关。相反，抑郁者特有的内隐性信息处理，在我们现有的研究方法中是无法被确认的。我们最初以为外显自尊和内隐自尊是在相似的大脑区域进行处理的，但事实并非如此。

遗憾的是，在实验过程中测量内隐自尊是非常困难的，这在一定程度上限制了研究的方法。然而我相信，在未来的研究中，我们一定会发现大脑中与内隐自尊关联的区域。

为此，我们需要做更多的研究来支持和证明。也许你对这项研究感兴趣，读了一遍又一遍，并能提出新的想法。

综上所述，仅仅判断自尊的高低是完全解决不了问题的。

有些人的自尊可能乍一看很高，但实际上其内心的自尊可能长期处于脆弱的状态，很不稳定；还有些人也许表面上看起来自尊很低，但内心深处由于过分地夸大自我而充满了对他人的愤怒。

不论是从大脑活跃程度还是其他方面来看，外显自尊和内隐自尊往往以不同的方式运作。然而当大脑的不同区域发出"不同节拍的声音"时，这些还没有整合在一起的散漫思绪会降低我们的应对能力。研究显示，这两类自尊之间的差异越大，心理治疗的效果就越差，解决问题的过程就越漫长。所以，为了更清楚地了解它们，我们需要进一步研究外显自尊和内隐自尊是如何在大脑中运作的。

临床心理学家的话
努力即可，切勿消磨心力

世上是否存在同时拥有高外显自尊和内隐自尊的，所谓"稳定的自尊感"的人呢？这恰好就类似于世界上可能存在着一些圣人，但肯定不包括我们这些普通人。

也许是因为偶然，我们通常能了解到的人大多是传统意义上低自尊的人。他们长期深陷于自我怀疑和自卑中，对别人的赞美感到尴尬，以至于最终每个人都难以给予他们积极的反馈。

这里，我们集中讨论外显自尊和内隐自尊的差异，因为只有先了解自己心中的敌人，才能找到获胜的方法。

外显自尊很低，但内隐自尊却很高的类型被称为受损型自尊。

相反，外显自尊还算不错，但内隐自尊很差的类型被称为防御型自尊。

这两种类型的自尊有一个共同点：它们都源自内心深处长期压抑着的汹涌愤怒。有的人由于被集体排挤、入学考试或入职失败等特定原因，导致在自我价值感上出现了伤痕而畏缩不前，形成所谓的受损型自尊；有的人为了掩盖伤痕而勉强坚持着，苦于不知道如何处理早已形成的、不受控的、消极的自尊——遇到小事就会摇摇欲坠，形成所谓的防御型自尊。他们内心充满了怒火，因此，频繁产生精神和身体上的问题也就不足为奇了。

愤怒是两种自尊类型共同的情绪分母，但这两种自尊的表现却截然不同。

受损型自尊的内隐自尊很强，所以人们可能会下意识认为不会有什么大问题，但实际上在有自杀冲动的抑郁症患者和神经性贪食患者中，存在一些内隐自尊很强的人。有研究表明，曾经经历过抑郁的人会表现出此类受损型自尊的倾向。

因为经历挫折而表现出畏缩、怯懦态度的人，似乎想通过提升内隐自尊来实现自救。在理想自我和现实自我之间差异巨大的情况下，他们为了从反复失败的经历与外显自尊持续跌落的绝望中保护自我，选择让内隐自尊逐渐膨胀。越是被焦虑和抑郁压迫，他们的内隐自尊就越是在别人看不见的地方变高。

像这样高到离谱的内隐自尊会让他们重复"世人的攻击以及我现在的失败，都会使我变得更好"式的精神胜利法。为了迎合过高的内隐自尊，向往成功的野心和完美主义倾向也会不断提高——"我一定要达到这个目标！我必须维持这个体重！"，他们以"一定要做到什么"的方式不断压迫自己。

拥有防御型自尊的人表面上自信，实际上内隐自尊很低，他们会想尽办法抵御来自外界的攻击，对外界名声的敏感程度比任何自尊类型的人都要高，所以不管是多小的细节，他们都想去回应。

这种脆弱而不稳定的内隐自尊，往往是由小时候主要抚养人喜怒无常的养育方式等消极的人际关系导致的。

这些人在成长过程中取得的各种成就，可能会逐渐提高自己的外显自尊。但当突然感受到威胁时，他们就会为了保护自己而主动对他人施行冷暴力，比如用蔑视或无视他人的方式发泄愤怒。在这个过程中，如果外界对此做出反应（对方当然不会毫无反应），他们就会因此将自己的愤怒合理化，说"我就知道会这样"，自尊又会开始膨胀。

美国精神分析学家奥托·科恩伯格（Otto Kernberg）将这种过度的自爱解释为一种试图从"饥饿、愤怒、空虚的自我"中解脱（通过很多经验习得）的心理防御。

我想你们已经大致了解了外显自尊和内隐自尊的临床表现。两种自尊间不同的关系和生活环境，在实际情况下会带来不同的问题。但在这里我只想谈一个最普遍的问题。

有些人就像P一样，外显自尊低，内隐自尊过高。缺乏主导生活的能量，并且过分顺从的这一类受损型自尊的人，经常使用一种叫"反向形成"的防御机制来掩饰内心的愤怒。

为了隐瞒自己喜欢某个人而故意开过分的玩笑，为了隐瞒自己讨厌这个人的事实而过度夸赞某个人，或者干脆二话不说采取无条件服从的态度等。

这些态度其实更容易被对方发觉，因为对方心里会不舒服。我们经常在P这样的人身上看到这样的被动攻击，当他和别人意见不一致时，当他感到沮丧时，即便他不直接反驳对方，也会用一种隐秘的方式让对方感觉不舒服。

因此，如果日常生活中你总是低声下气地说"是的"或者"好的"，过分迎合对方的话，那么你就应该重新思考一下这个习惯的根源。你是真的尊重他吗？他说的都是对的吗？他是真的值得你那么去称赞的人吗？

如果不是，那么为何要如此贬低自己来取悦他人，而使自己疲惫和不快呢？

防御型自尊的人内隐自尊很低，外显自尊很高。所以在别人眼中，他们似乎一直在做了不起的事情。

他们会隐藏内心的愤怒，表现出一副对他人很宽容的样子。

而后，他们一旦质疑他人行为或言语的意图，就会立刻反击。而这种反击通常相当过分或是毫无理由，所以事后他们还会频繁感到歉意，同时还伴随着羞耻感。

羞耻感会不断放大其他的负面情绪，而为了掩饰自己的羞耻感，有时候会引发更强烈的愤怒，而这往往会将原本的羞耻感引向更深的抑郁和内疚。在接二连三的负面情感的冲击下，他们有可能错过向对方道歉的时机，导致这样的状况成为常态。

如果你听到周围的人说"我不知道你为什么突然这么生气"这句话超过两次，那么你应该在自己即将生气之前迅速思考怒火的方向和强度是否合适。很多时候，让你生气的问题往往不在于别人，而在于我们不稳定的内隐自尊上。

你可以想象一位你见过的高自尊的人，想一想，一个内外都很自信的人会不会在这个节点生气。然后我们再重新审视愤怒的程度，当然在这之前，我们需要想想到底该不该生气。

　　这一定是困难的事情，即便如此，我们也要不断地练习。因为如果我们习惯了过激的心理防御模式，别说是奥托·科恩伯格，就算是奥托·科恩伯格的祖父也拯救不了我们。

今日作业

想一想：你的自尊怎么样？

心理学小贴士

努力即可，切勿消磨心力

即使是看起来自尊很高的人，其实也和我们一样，有时候自我感觉还不错（也许偏偏在这个时候你遇见了他），有时候心情会低落到谷底。只不过他总是在坚持，不断收拾残局，努力生活下去。

3

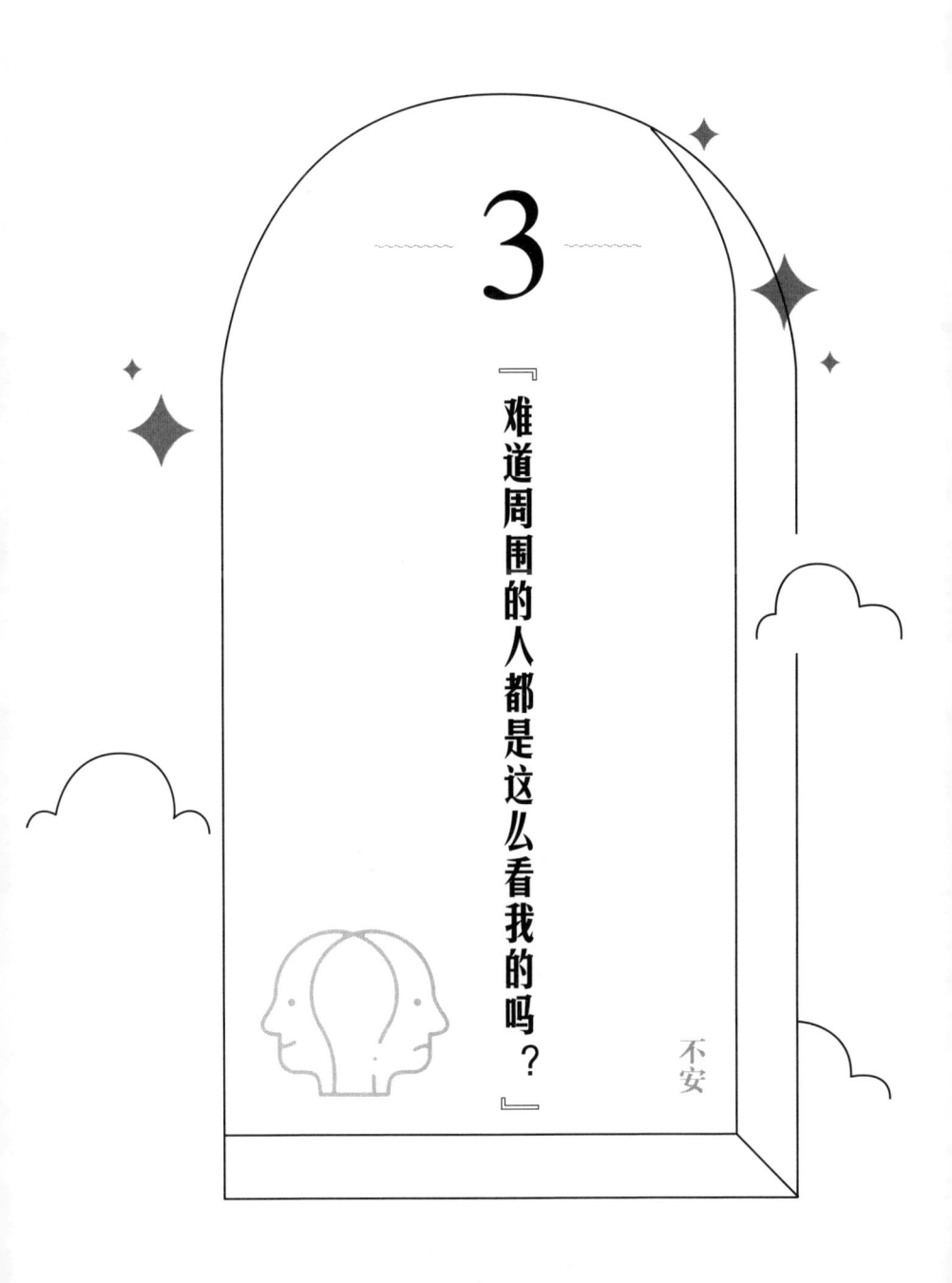

「难道周围的人都是这么看我的吗？」

不安

L在介绍自己时，提到他在一家知名的非政府组织担任事业部负责人的职位。作为机构里最年轻的负责人，他将机构的组织结构一一向我介绍，看得出他十分热爱自己的工作。他说："我只顾着工作，到现在还没有结婚。"在讲述自己如何克服万难走到今天的故事时，他仿佛就像是早间新闻里的播音员一般。听着故事里他的精彩表现，我甚至产生了他的团体不过是个空壳的错觉。当说到因为自己的牺牲和努力，团体的业绩日益提高的时候，他的脸上洋溢着幸福的满足感。

　　但是L也有自己的问题。自从晋升为负责人之后，他就产生了一些微妙的变化，特别是在对组员下达指示的时候，他会消耗过多的精力。他总是把所有情况都解释得过于清楚，让团队成员理解他为什么要这么做。此外，作为负责人和导师的责任感促使他给团队成员提供各种建议，所以谈话总是拖得很长。他一直认为只要自己尽力去沟通，并且足够珍惜对方，一定能让对方感受到自己的真心。

　　不久前，新实习生进入机构之后，L的"故事"变得更加冗长。他比之前更加喋喋不休，没有得到听者足够的回应或惊叹的表情，不会停下。刚开始他没有发现自己的态度与说话的模式和之前有所不同，直到某一天，他在对方的脸上看到了不耐烦的表情，于是他开始感觉不对劲，甚至不快。

在网上偶然看到一篇题为《老男人的特征》的文章后，L发现，他和文章中描写的人非常相似，就连他对待后辈的态度都恰如文章所写。他不禁心生不安：难道周围的人一直都是这样看待我的吗？

自此，L心里便一直有种无法消除的不安，觉得自己的真心是不会被别人接受的，这样的不安又唤醒了他小时候被排挤的记忆。小学高年级时，L曾因为搬家被集体排斥，他很早就体会到了被排除在社会关系之外的痛苦，所以现在的状况使他特别难受。他开始经常看后辈们的眼色，又因为讨厌这样的自己而生气："我不能洒脱一些吗？还是说我一开始就不应该在别人身上费尽心思？"

虽然还没有遇到和自己心意相通的人，但L是有未来结婚的想法的。他觉得，如果现在不消除这种奇怪的不和谐感的话，生活的各方面都会出现问题。现在的自己显得很卑微。他由于想要学习处理人际关系的技巧，变得更"洒脱"，找到了心理医生。

L从第一次见面的第一句话开始到结束面谈为止，始终表现出过于关心心理医生怎么看他的状态。他僵硬的反应和生硬的态度甚至让人担心，他在离开咨询室后会不会虚脱。

脑科学家的话

我们生来就在意自己的外在形象

社会高呼高自尊的优点。

然而高自尊的神话掩盖了很多致命的缺点。尽管高自尊和低自尊有各自的长处和短处,但人们并不珍视低自尊带来的宝贵品质。

其实,自尊是每天都会有所起伏的。

高自尊的人的确能给别人留下好的第一印象。

但当我们研究自认为拥有高自尊的人时,发现他们的社会关系质量并不是特别高,所能维持的人际关系也并不算特别持久。

其中一部分人会因为表现出过于以自我为中心的态度而被孤立。还有一些人会自认为自身能力较高,心里认为"只要我愿意,我就一定能……",研究表明，这类人会比别人更容易酗酒或染上烟瘾等，并且本人大多对此不以为意。

相反，自尊较低的人一方面对世界的变化和反馈更加敏感，他们总是担心别人会怎么看待他们，因此很少犯重大错误；在另一方面，他们认为和自尊高的人相比自己有所不足，所以他们会为了更高的成就或更成熟的人格投入更多精力。

低自尊的负面影响是存在的，但也不要过分焦虑。我来给你讲个故事。

我们休息时，我们的大脑是什么状态呢？

这项研究是国际著名脑成像专家巴拉特·毕斯维尔（Bharat Biswal）教授的学位论文，这篇论文发表时，谁也没有想到它会对认知神经科学领域产生如此巨大的影响。如果你用磁共振成像扫描仪观察大脑的功能，你会发现大脑中哪些区域是紧密相连的，哪些区域同时具有类似跷跷板那样截然相反的功能。

值得注意的是，毕斯维尔研究了人们处于静息状态时的大脑功能。他研究了不同人群的大脑功能连接，从没有临床症状的人群到有情绪障碍、阿尔茨海默病和孤独症谱系障碍的人群，都是他的研究范围。

令人惊讶的是，我们的大脑居然无时无刻不在工作着，即便你闭上眼睛躺着的时候，大脑里的不同区域也在相互连接并运转着。神经科学家马库斯·雷切尔教授将这种与"无所事事的清醒状态"相关的脑神经网络命名为默认网络。

一本著名的学术期刊曾发表了一篇有趣的与默认网络相关的论文。在这篇论文中，著名神经科学家卡尔·弗里斯顿教授，以及其他研究者，通过默认网络完美对应并解释了弗洛伊德所说的"自我"的功能。

根据弗洛伊德的观点，与追求原始欲望的"本我"不同，"自我"优先考虑的是现实原则，忠实地反映当前的现实情况，是一种根据我们的环境压力或实际条件而做出合理选择的自我。

尝试把大脑的静息状态转换成"自我"来解释的研究方式可能会让人有些困惑，但这个理论并不是突然出现的。已经有很多研究表明，当我们休息时，大脑中默认网络被激活的区域与处理自我和他人信息的区域是重叠的。这意味着即使我们安静地躺着,也无法让大脑中处理自我和他人信息的区域完全休息。

默认网络就是这样,一方面持续为处理自我和他人相关信息的大脑区域做准备,另一方面又参与抑制与快感和兴奋相关的大脑区域。由此,对于某些研究者来说,默认网络就像是弗洛伊德所说的"自我"的现实物质化形态。

所以这么说吧——

我们的大脑天生就会不停地运转,其中与自我意识和社会关系有关的部分更是如此。我们如此在意自己和他人是很自然的事情。

如果你在想"我为什么不能让自己休息呢?",这反而可以证明你的默认网络和"自我"在正常地运行[*]。

因为不如意的事而内心变得脆弱时,你就有可能给自己过于在意他人这一状态贴上低自尊的标签,独自感到痛苦。想开点,别和自己过不去。

[*] 当然,如果你因为过于在意他人、过于在意自己的形象,导致在实际的社会生活中遇到问题,并且连自己都感觉不对的话,就应该立即停止这种自我意识。

我们生来就在意自己的外在形象和别人对我们的看法。我希望你不要把"不想给别人带来麻烦而竭尽全力的自己"解释成"自尊低而察言观色的人"。

就算我们的自我认知会因为别人不经意的一句话而瞬间跌落谷底，我也希望我们至少在表面上看起来充满自信。因为即使这是一种假的自尊，一种表面上的自信，我们内心其实也还是希望自己能成为一个乐于助人、言出必行的人，成为某些人的榜样。

这种做法实际上是为了牢牢抓住我们自己，使我们无法随意逃出现实世界。它是一个能让外部环境、他人和我之间，我的意识、前意识和无意识之间彼此相安无事的安全网。

用不同的面貌面对不同的人群，这是你的大脑的众多功能之一。在你的无数个碎片当中，这也许是让你一直以来努力活到现在的那个重要碎片。

临床心理学家的话

学会爱自己，不要把自己最擅长的事外包

学生和访客有时候会问我自尊是什么。

以罗森伯格自尊量表而闻名的心理学家莫里斯·罗森伯格将自尊称为"对自己善意或批判的态度"。

当我解释自尊的时候，我会告诉他们罗森伯格的定义并补充，"自尊是当你排除一切背景面对他人时，你对自己个人魅力的评价"。

举个例子，假设你在没有显露自己的学历、工作、出生地、住所、外貌等背景的前提下，在社交媒体上发布一些未经任何修饰的短篇文章，你估计会有多少人对你产生好感？

我并不是想要通过像"很多人会觉得我很有魅力"或"会很少"这样的答案来推测你的自尊程度，我更好奇的是当你被问及这个问题时的心理状态。

如果你缺乏自尊，那么这个问题本身就足以使你不舒服。因为这个问题本身已经被当成了可以预见的失败，你不愿意去思考；相反，如果你的自尊还可以，你就会把向他人展示自己魅力的过程看作一个"可以尝试，有可能带来好的结果"的挑战机会。

有时候我会问："如果有一个人在所有方面都和你一模一样，你会选择和他谈恋爱或者结婚，与另一个自己相处一生吗？"*

如果你的答案是肯定的，那你是一个自尊很强的人。（你真的需要这本书吗？）

但几乎没有人回答"想和我这样的人结婚"这类答案，因为我们都非常了解自己。每当我们暴露自己的缺点或展示自己真实样子的时候，我们总是会焦虑

---

* 你是怎么回答这个问题的？事实上，我们可以通过这个问题来客观地看待自己的性格缺点。"像我这样情绪不稳定的人肯定很难相处""像我这样忧郁的人肯定很难相处"，如果你会有这样的想法，那这一点正是你需要变成熟的地方，因为那正是你无法给自己高分的原因。

他人会不会接受我们。

现在请你放下书，想象一下你最亲近的家人或朋友的面孔：

他/她的脸上有痣吗？如果有的话在哪里？

那么你的脸上有痣吗？如果有的话在哪里？

回答与你相关的问题肯定会比回答与周围人相关的问题更快、更准确、更具体。

每个人都会记得更多关于自己的事情。虽然我们在日常生活中或脑海中常常观察和猜测他人，但我们与自己打交道的时间其实更多。如果你脑海中常常浮现自己在工作和人际关系上不成熟的形象，也是十分正常且理所当然的。哪怕是在我的心底，我失败的经历、被别人轻视的经历和自己糟糕的形象也时时可见。

由于这种自传性质的失败记忆太过于丰富，与人交往中就连学历、外貌、性格、出身、家人等这类中性的词语也经常会令我感到不适。

走过那段旅程，回头看时，我发现我和大家一样，我们过于担心别人如何评价自己，太在意别人的眼光。

因此，我们不停地思考"有这么多缺点的我要怎么样才能给别人留下好印象？"。我们会基于关于自我的信息来判断自己是好人还是坏人，当我们确信自己是好人的时候还会向周围强调这一点。

一旦如此努力了之后，对方还没有做出与我的真诚、关心和好意相匹配的反应时，我们会感受到混乱，甚至愤怒。

很多时候人们容易陷入"他们一定能感受到我的真心"这个愚蠢的自我欺骗中，要求周围的人理解自己。但一个对自己自尊和价值感没有太多怀疑的人，其实并不在意别人是否接受自己的真心。

"为什么我的真心一定要被接受？"回顾过去的生活，我们也没有试图去了解所有其他人的真正想法啊。

似乎也没有说过"啊，没错，这就是你的真心吧"这样的话来表达我们理解对方。

相信真心总有一天会行得通的这种执念，其实源于一种自我意识，这种自我意识认为自己的想法、感觉和判断总是正确的。然而实际上，其他人也是怀着各自不同的真心活着，100个人就有100个真心。

同时，相信真心总有一天会"行得通"，就等于在说他人的认可对我非常重要。这种想法一方面是一种幻想，或是认为他人必须接受我的真心的一种执念，另一方面也是当他人不理解"我"时，为表达敌意而做出的一种自欺欺人的行为。

相信真心的人在界定和寻找灵魂伴侣上会花费更多的精力。他们相信，"如果是我的另一半，那即使我不特意说出来，他/她也会理解我的所有想法"。在美国进行的舆论调查显示，超过70%的受访者认为他们一定能找到一个真正的灵魂伴侣。

但是研究表明，那些相信灵魂伴侣存在的人在现实生活中更容易感到不安，对于爱人的错误更不宽容。当对方违反自己制定的规则时，他/她就会感到不安和愤怒。

"找和我心灵相通的灵魂伴侣"，乍一看是对自己坚定的自信和以自爱为基础的态度，但实际上这其中隐藏着的是我们想要一个可预测、可控制的对象的心理，想要寻找一个不在意"我"的缺点，就算不付出努力也会爱"我"的人。

但是那个人就在这里啊！

那就是你自己——不会对自己做出任何评价和批判的人（尽管从某一刻起，我们开始用别人的声音来逼迫我们自己）。

不要试图依靠别人来安慰自己疲惫的灵魂，有你自己就够了。不要把你最擅长的事情"外包"出去。

努力让别人觉得你很优秀是一件很正常的事情，但是，还是让对方来决定是否要接受你的样子吧。

你是谁？在做什么？你知道多少值得大家学习的故事？你的真心有没有传达给对方？你是否在和与你灵魂相通的人交往？这一切和你的自尊都没有太大关系。

希望你能更自然地喜欢自己。只要你接受你自己，外部的敌人是绝对没法伤害到你的。

今日作业

仔细思考下面两个问题:

去除所有背景因素,你是有魅力的人吗?

你能和一模一样的自己共度一生吗?

4

「所以你终究会离开我吗?」

恐慌

C说自己很清楚自己的问题，是一种"缺爱的依恋障碍"。

C坚定地述说着自己的状况，并对被人抛弃感到非常不安。C从自己的家庭关系中找到了原因。

"我知道我为什么会这样。小时候，父母都忙着工作，没有时间照顾我，他们两人的关系也非常差。妈妈经常在我面前大吼大叫，愤怒地和父亲吵架，甚至数次离家出走。没事的时候对我特别好，但是有时候又干脆当我不存在……每当这时，我就会感到特别绝望。第一次交往的对象也离开了我，我对别人的依赖也越来越严重。"

决定接受心理治疗也是因为不久前的又一次分手。

"刚开始他对我说'我绝对不会离开你'，但在我们交往的过程中，我又过度依赖了他，以至于他听腻了我说'所以你要离开我吗？''现在讨厌我了吗？'之类的话……"

C的恋爱和分开总是会沿着相同的轨迹重复。对方花了很多时间来安慰C，表达"我和别人不一样"的态度,但C始终无法静下心。想到自己总有一天会被抛弃,C就会心如刀绞,内心极度不安、焦虑。

每当C心情不错的时候,悲伤就会忽然涌上心头,经常有被悲惨地抛弃的感觉,身体处处疼痛。如果对方不接电话或和别人有约,C就会质疑对方是不是不爱自己了。

"所以你现在讨厌我了吗?"
"你也没什么不同。"
"看吧,我说过你也会厌倦我吧。"

以这种方式开始的对话每次都以同样的结局告终。即使在两人之间没有任何问题的时候,C也会向对方抛出假想的剧本来考验对方,要求对方承诺数百次。

除此以外,C还有对朋友的依赖。虽然C不想被人看成是"有依恋问题的缺爱患者",但由于内心对朋友过度依赖,C常常费尽心思讨好朋友,但最终沦为了受所有人欺负的"冤大头"。

为了把别人留在身边，C总会答应别人过分的要求或约定，长此以往最终都转化成对自己的厌恶、焦虑，以及对交往对象的不满。

C说："每当我看到那些善于表达自我主张的、独立的人，我就会觉得他们和我根本不是一个物种。我总是渴望爱，但其他人好像并没有。我不知道我是寄生在别人身上，还是他们寄生在我身上……"

脑科学家的话

现在轮到你来守护自己了

那些声称自己缺爱的人会用很多理由来解释他们面对他人时的依赖性和脆弱性。其中最常见的例子就是依恋障碍。

在心理学里，依恋是一种将两个人在时间和空间上联系在一起的紧密的、持续性的情感纽带。一般在人生初期通过主要抚养人和儿童的相互作用而形成。

主要抚养人只有敏锐地捕捉孩子的感受，无微不至地照顾孩子，才能建立安全型的依恋关系；而前后不一、冷漠的教育态度则会导致非安全型的依恋关系。现实中有很多人因为自己是非安全型依恋而烦恼。

依恋理论是美国心理学家玛丽·爱因斯沃斯在研究中提出的。1978年发表的一项研究结果显示，70%的参与者属于安全型依恋,这样的结果令很多人陷入了烦恼。

"那么多人都是安全型依恋,为什么我不是呢?"

有可能在那个时代,大部分人都是安全型依恋,也有可能因为受访者保守的态度引起了结果的偏差。

一项以儿童和青少年为对象进行调查的结果显示,非安全型依恋的比例是48%,而安全型依恋则占52%。这说明差不多每两个人里就会有一个认为自己是非安全型依恋,甚至在有临床问题的受试者里约70%报告了非安全型依恋。

据此我们可以合理地推测,未来几年中,安全型依恋的比例将持续下降,而非安全型依恋的比例将持续上升。但无论如何,非安全型依恋比我们想象中要更加常见。其实仔细想想,对于父母来说,没有比建立孩子的安全型依恋更难的事了。

在非安全依恋类型中,那些因为得不到父母稳定关爱,而说自己缺乏爱、对他人过分依赖的人,很有可能是焦虑型依恋。这对于生长在亚洲文化圈中的人们来说,是很常见的依恋类型。

焦虑型依恋的人面对哪怕是一件非常小的事都会

采取自我批评的态度，对他人的评价非常敏感。

他们对拒绝非常敏感，时刻担心对方会发现自己是个无趣或没有魅力的人。因为害怕被重要的人抛弃、拒绝或背叛，他们迫切地依赖他人，并且在这个过程中经历极度的抑郁和无助。

由于缺乏维持稳定关系的经验，他们实际的人际关系处理得不是很好，常常无法合理地表达自己的主张。

因此，为了引起他人的关注，他们会突然失去联系，假装"潜水"，在网络上表达自己不稳定的情绪状态，假装没读短信或故意引发对方的嫉妒。

另外，他们也不擅长表达生气的情感，怕自己的不满被对方发现，所以一般试图用不明显的方式进行被动攻击。比如把事情搞得一团糟，开一些有针对性的玩笑或故意捣乱。

如果我们给这些显露焦虑型依恋的人一定的压力，并观察其大脑会发现，大脑中与情绪和焦虑相关的深部组织会表现得异常活跃。

大脑中与被拒绝感受相关的区域也会更加活跃，这其中的一些区域与大脑其他部分也有着密切的信息交换。

最终，他们的大脑中会出现一种自责和焦虑不断交替的恶性循环，周围人试图安抚他们的努力常常以失败告终。

另外，如果你让焦虑型依恋的青少年来评估积极和消极的形容词与他们自己的匹配程度时会发现，不管提及哪一类词语，大脑的很多区域都会变得活跃。这说明，这些有关安全感和自我概念的刺激使大脑做出了不必要的反应。

那么，这些安全型或非安全型依恋孩子的父母的大脑又是怎样的呢？

好的养育者与子女是同步的，他们会对子女的情况进行及时反应。说起来简单，实现起来其实难度很高。因为当孩子还很小的时候，父母要在本来睡眠时间就不足、身体机能下降的情况下，照顾每两个小时就哭闹的孩子，甚至不能因为被吵醒而生气。

这时，养育者需要通过孩子唯一的沟通手段——哭，来判断其哭闹的原因是困了、饿了、无聊还是不舒服了，并且在孩子感受到挫折而对世界形成不信任之前给予反馈。当下，严峻的现实是七分之一的孕产妇会患上产后抑郁症，如果想要让孩子形成安全型的依恋，主要抚养人还要在孩子面前努力克制自己的抑郁和对未来的焦虑，给予孩子无条件的爱和支持。

这类父母的大脑左侧伏隔核在磁共振成像仪上显示出很高的活跃性。它与作为情绪处理核心区域的杏仁核联系密切，因此研究人员认为，这些区域就是让父母能够更有效处理情绪刺激的生理基础。

相反，对于容易焦虑的家长来说，他们的右杏仁核过于活跃，伏隔核和杏仁核之间的功能连接也有一定缺失。最终，不成熟父母的大脑无法快速地回应他人的情感需求，即使这并非父母的本意，但"没有及时回应情感诉求"的行为仍然会对孩子的大脑发育造成消极的影响。

从表面上看，这就像是父母将自己的性格遗传给了孩子，或是不能稳定满足年幼孩子的需求所带来的后果。

但我想很多父母都没听说过这些信息，以前的养育者们都不知道什么是依恋，也不清楚为什么养育方式对孩子的幸福感和焦虑的形成有着至关重要的作用。

他们不知道如何与孩子们建立关系，错误地认为即使他们什么都不做，也能自然地形成依恋关系。他们不知道怎么在表达爱意的同时巩固父母的权威，并混淆了"权威"和"专制"的含义。

在某些情况下，由于时间、距离、经济状况、兄弟姐妹的存在等客观条件的限制，父母与孩子没办法建立安全的依恋关系。

当然，我们已经长大了，现在质问父母或兄弟姐妹这些原生家庭的成员"当时为什么那样对我"这类问题，显得为时已晚。就算问了也很可能得不到我们想要的回答。

但我们没办法忘却那段经历，那些日子留下的痕迹仍然影响着我们。所以从大脑发展的角度来看，我们不妨试着哄一哄自己。

我们可以找父母之外，另一个对你有深刻意义的人——这个人也可以是你自己。让这个人来轻轻地拍拍你，这是一个可以让你内心慢慢平静下来的好办法。

蝴蝶拥抱法

将自己的双臂交叉放在两边的肩膀上，两只手轮流轻拍肩膀，这是一种很有效的方法。具体做法是，闭上眼睛，慢慢呼吸，不停地说"没事的，真的没事的"，缓缓地轻拍你的肩膀。

这样做，可以让过度活跃、敏感的大脑能够调整呼吸。对于有实际心理创伤的服务对象，我们在治疗中也经常使用这一方法。

如果你还记得在人生的某一时刻，有人曾经关心和照顾过你，那么你可以通过将这样的心理表征形象化来安慰你自己。用那些可以令你安心的话语、人和感觉来建立属于你自己的秘密基地。

另外，也可以看一些能够表现出安稳和满满爱意的照片（例如相爱的恋人互相拥抱的照片）。研究表明，仅仅是看这些照片就可以降低杏仁核受到危险刺激时的活跃程度，甚至看有关动物的温暖照片也有助于心灵的安定。

洗个热水澡，或喝杯热茶来"温暖心灵"，同样会收到良好的效果。

这些都是经过研究证明的能使大脑平静下来的方法。

我们也许会再次陷入不稳定的关系中，也许是做了不该做的事，也许是没有做该做的事，也许是自己的原因，也许是对方的原因。

如果你和他人因为某些微不足道的原因而出现了分歧,以至于你们的关系有走向破裂的迹象,那么请你果断地说:

"我知道你喜欢我,你也知道我喜欢你。几个星期后,我们都不会记得今天为什么吵架,我不想为了不会记得的小事对你说伤人的话。"

请你主动维护与对方的关系。

当内心的情绪将要溢出并压倒你时,当你想把自己的焦虑投射到周围人身上时,请你停下,先让自己冷静下来。

可能有些人会想利用你不稳定的情绪,还有些人会很容易让他人感到悲伤,请你守护自己,免受这些人的伤害。

其实,不是所有关系都像你预想的那样让人悲伤。

所以让我们在一段缓慢而持久的关系中,慢慢地养成安全型依恋吧。

临床心理学家的话

不要试图考验他人的爱

有些人会努力把自己最深层的一面展示给对方，希望得到他人的接纳和认可。

但是让我们仔细想想，你的母亲爱你的一切吗？

是的，就算是母亲也无法包容你的全部。每个人身上都有一些令人讨厌的地方（我也一样）。

希望他人无条件地接受"我"，是抑郁、焦虑的人常有的错误信念。他们会把自己消极的一面展示给对方，并质问对方"你还会爱这样的我吗？"。这既不是爱自己的方式，也不是爱别人的方式。这只是一种不会有任何结果的怪癖而已。

其实你也知道自己并不是每一面都是可爱的，但你总是向别人展示你的所有样子，并期望他们能让你安心。

本来最理想的养育方式就是适当地干预、适当地敏感、适当地给予回应，然而大多数养育者所表现出的照顾方式并不相同，还难以预测。

因此在依恋关系中感到焦虑时，他们就会病态地渴望"永远不变的爱"。他们相信在这个世界的某个地方，存在能拯救自己灵魂的人，而不是追求在困境中磨炼得更加牢固的恋爱关系。

当重要的人忽视自己，或者想要远离自己时，他们就会说："你是不是也要抛弃我？"他们迫切地乞求爱，这种情况多次重复之后，就会变成人生中的典型悲剧。

当朋友开始与自己保持距离的时候，他们就会说"你看，我就知道会这样！"，并陷入绝望和自我贬低的深渊，甚至因为觉得自己受到了不公的待遇而愤怒。

实际上，我们不需要在人生的每一个阶段都寻求他人的认可。

且不说这是不可能的，更重要的是我们也根本不需要这么做。彼此的记忆是不同的，对彼此的评价也在变化着，就好像有的时候和朋友很谈得来，有的时候又觉得朋友有点陌生一样。

当然，可能有很多人际关系问题是由个人的非安全型依恋造成的，但就像专家们反复强调的那样，他们如何认知和重塑当时的关系比他们真正建立的关系更重要。

在这个过程中，如果家人和周围的人为曾经对你做出的不当言行真心道歉的话，那固然很好，然而这并不是件容易的事。毕竟这是一个关乎"时机"的问题。

如果没有人逐渐变得成熟，之后依然不愿意向你道歉也不要在意。也许他们在当时那个年龄和情况下已经尽力了。我们可以选择步入安全型依恋的道路，以成熟的态度去重塑和接受自己的过去。

但我希望在我们回顾过去的依恋关系并试图将它们融合在一起时，不要让羞耻心或负罪感等负面的自我意识介入其中。

不是因为你不能爱，

不是因为你有缺陷，

也不是因为你不应该出生，
你只是运气有点不太好而已。

所以让我们这么说吧——

当时的生长环境就是那样的，但现在不同了。那时的我很脆弱，而现在的我不完整得刚刚好，也完整得刚刚好，足以与他人建立稳定的关系。
也许以前的他们已经尽力了，而现在我要守护我自己和我周围的人。

为了让这种想法和态度深入我们的心灵，我们有必要去见见临床心理学专家或者精神科医生以重新建立养育关系，或者去找一个安稳的人，甚至自己来重新养育自己。

美国加利福尼亚大学洛杉矶分校的精神健康医学临床教授丹·西格尔说，重新塑造你的依恋关系能使大脑重新排序。

所以就当它是真的，试一试吧。

现在你是你自己的养育者。

不要再为了得到别人的爱勉强自己做什么了。

多抚慰自己破碎的心灵：

"世界上我是最重要的，世界上也只有我最了解我自己。"

不要试图考验他人的爱，也不要试图凭借他人的爱来弥补自己的空虚。有人在你身边固然很好，就算没有也没关系，我们可以和自己建立安全型依恋。

我们不需要用夸张和欺骗性的表达来哄骗自己，开始一段错误的爱情，保持一段没有意义的关系。与其让你对他人的依赖更深、更强，不如为至今努力生活的自己感到骄傲，安心地、温暖地对待自己。

- 如果想吃好吃的，就自己请自己吃。
- 如果你想感受温暖，就点上香烛，裹上干净的毯子，喝杯热茶，唱首歌，然后为自己和他人送上温暖的话语。

这些都是通过研究证明的能提升幸福感的方法，你可以找到最适合你的那一个。

最后我想说的是，在人际关系中我们的记忆是不同的，所以你不必因为焦虑而动摇你的自尊，抑或是和别人争论你们的记忆。

当你和你的爱人争吵时，最浪费精力的行为就是说"你也曾经这么说过！""你难道不是用讽刺的口吻说的吗？"之类无法帮助交流顺利进行的话。这时候，你们应该尽快宣布"彼此的记忆必然会不同"，然后趁我们回忆中的冲突还没有触碰到我们情感的底线，中断这个对话。为一个解决不了的问题争吵不休只会加快分手，但我相信你们现在争吵的目的并不是为了分手。

请专注于解决问题，认真地对待它，自尊和认可在此刻都不重要。

如果你一方面想要在不失去权威的前提下尊重自己的感情，另一方面还想在与他人展开的和谐对话中，同自己形成安全型依恋的话，那其他的事情就显得不那么重要了。

是的，放松一点儿也没关系。

今日作业

试试这么说:

现在的我不完整得刚刚好,也完整得刚刚好,足以与他人建立稳定的关系;

我会坚定地保护我身边的人,这就是我的生活。

心理学小贴士

不要考验他人

很多时候人们容易陷入"他们一定能感受到我的真心"这种愚蠢的自我欺骗中,要求周围的人理解自己。但一个对自己自尊和价值感没有太多怀疑的人,其实并不在意别人是否接受自己的真心。

5

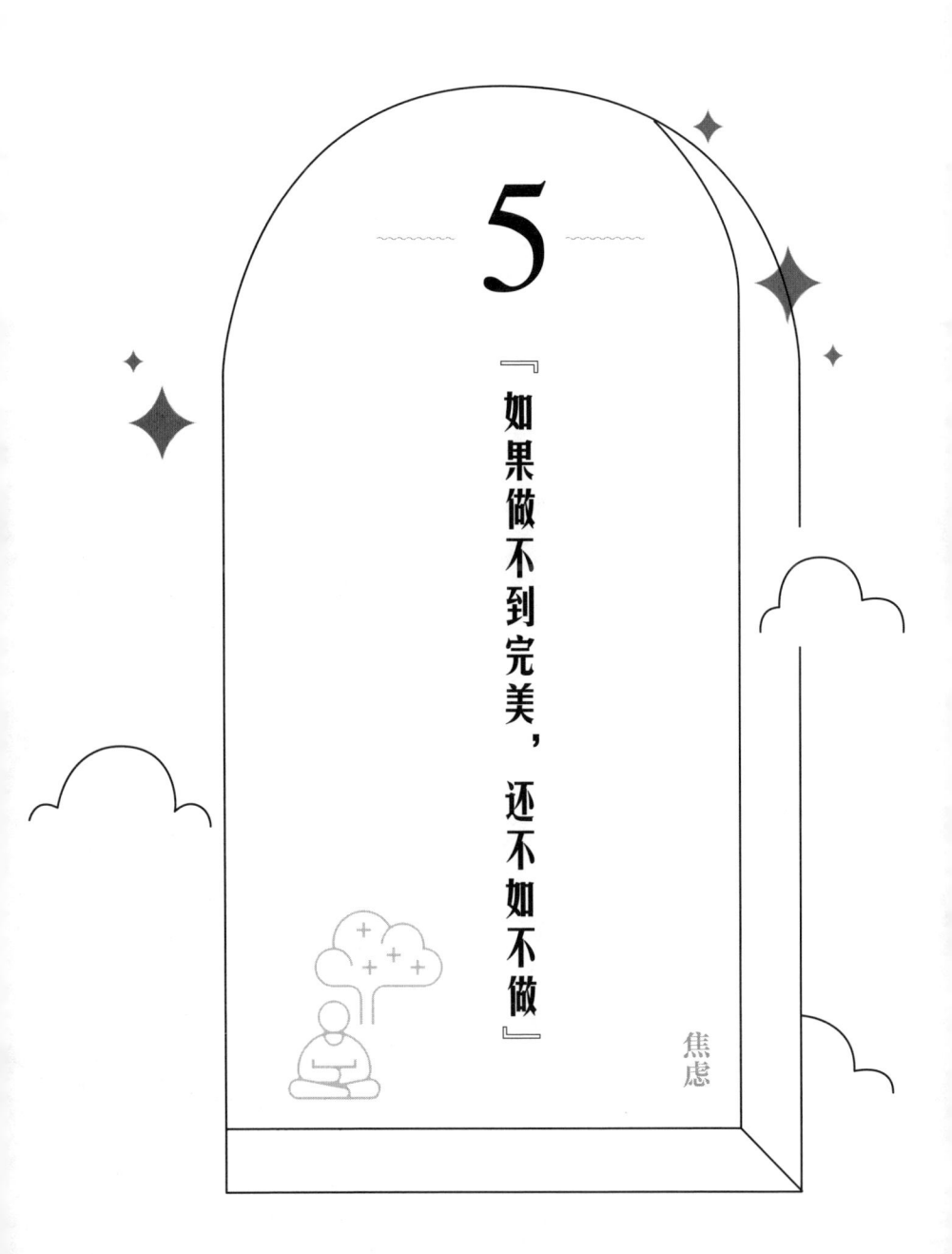

「如果做不到完美，还不如不做」

焦虑

"我很清楚,这次估计也不行。"

Y似乎把心理治疗看作游戏中玩家必须执行的"任务"了。当我询问我们是否可以一起看看治疗是否有效后,他这样回答:

"如果努力治疗也没效果的话,该怎么办呢?"

经常进行心理咨询的人,对治疗通常会经历两种截然不同的感情。

一方面很想症状好转,另一方面又害怕症状好转后之前关心"我"、照顾"我"的人会离开自己,或即使好转了也没有太大的变化,还不如选择停留在现在的状态。

Y一边希望自己忧郁和不安的症状能好转,一边又对治疗结果怀有极度的焦虑,仿佛被冻在原地难以动弹。他十分在意对方的感受,说话也小心翼翼的,反复强调自己"不想给别人添麻烦"。

"我害怕如果接受了治疗也没有太大改善的话,老师会对我失望,因为也给您添麻烦了。您本来可以在这个时间给别人治疗,我却占用了您的时间。"

Y仿佛对焦虑上瘾了。

有时候在谈论自己日常生活和偶尔的快乐的过程中，会突然因为想起自己"不幸和倒霉"的生活而感到慌张，他会再次提醒和督促自己慢慢爬回到焦虑的阴影当中。

Y认为表露自己的焦虑和抑郁是在给别人添麻烦，因此选择了隐瞒。而且他有支持他的家人和朋友，自身能力也相当不错，所以其他人都没有看出他有多么焦虑。但不知从何时开始，Y的脑海里就塞满了不安和焦虑。

这样子没事吗？其他人会怎么看我？

如果他们讨厌我怎么办？误会我怎么办？

人们好像准备好批判我的一切了，我撑得住吗？

如果我哪天失败了怎么办？

这样那样的焦虑压在Y的心上，使他总是处于无力的状态，努力工作的动力也逐渐减少。

休息日如果不外出的话就觉得"焦虑会吞噬自己"，所以强迫自己到外面和人们混在一起，否则就整天待在家里睡觉。如果是一个人在家醒着发呆，有时候会分不清早晚,甚至会产生"自己不是自己"那种让人害怕的感觉。

Y在结束咨询时自嘲地说:"如果做不做都得不到好的评价的话,那么还不如什么都不要做呢。"

不知为什么,那句话听起来不像是笑话。

脑科学家的话

不用太完美，做得不错就好

确实有一些人明明在努力生活，却被起伏不定的抑郁和焦虑缠身，因担心周围的人对自己有不好的评价而折磨自己。

那些对自己不太满意的人被完美主义束缚着，难以前进半步。一项对完美主义进行多维度分析的经典研究表明，完美主义有以下六个维度。

第一，对失误的焦虑，将失误视为失败，担心自身的失误会导致负面评价。

⮕ 但实际上大家对你的失误或失败不感兴趣，就像你不会被别人的失误或失败影响到一样。

第二，给自己设定过多的个人标准，并认为自己的评价非常重要。

▶ 但是人们对你规定的个人标准毫无兴趣。不管你有没有完成自己设定的目标，不管你对自己的评价是高是低，人们都不感兴趣，就像你不太关心别人的个人标准一样。

第三，父母期望，认为父母给自己设定了很高的目标。

▶ 有可能主要抚养人真的给你设定了很高的目标，但这只是他们的想法，你完全可以带着"那又怎么样"的态度和想法，拒绝迎合那个目标。这是你的人生，由你来做主。

第四，父母批评，指意识到父母在过去或现在对自己持有过分批评性的态度。

▶ 一般在职场，人们批评后辈或者同事是因为他们和自己的处理方式不同；但在家庭中，父母批评子女往往是因为他们与自己非常相似。这就是为什么不成熟的父母会严厉批评他们的孩子。可能不是年幼的孩子的问题，而是父母自身的问题。

第五，对自己行动的怀疑，质疑自己是否有达成某项成就、完成某项任务的能力。

▶ 适度的担心或焦虑有助于我们为未来做好切实的准备，但是过于强烈的怀疑会使我们感到焦虑，让我们安于现状、保持沉默。这也就是为什么有些人"只是口头上准备考试，而不付出实际行动"。

第六，强调系统或序列的"条理性"。

▶ 高度焦虑的人们最讨厌的一句谚语就是"条条大路通罗马*"，这会让他们不禁反问："难道知道了目标就能不考虑别的，盲目瞎走吗？"他们最喜欢的谚语是"三思而后行**"。但其实对于有些事情真的不用再三考虑，多一事不如少一事。

我想长大后的你已经可以接受这样一个事实：

* 原文为韩国谚语：모로 가도 서울만 가면 된다。意为：只要能到首尔，哪怕斜着走也行。比喻做事的方法不止一种，都能达到同样的效果。
** 原文为韩国谚语：돌다리도 두들겨보고 건너라。意为：哪怕是石桥也要敲着过。比喻处事小心谨慎。

在你的生活中，令人绝望的事与失败比你想象中要多得多。别说是完美完成，就连单纯地完成任务也十分困难。无尽的沮丧、糟糕的自尊，以及低落的自我效能感会令我们每天早上醒来的时候，都希望这一切只是一场噩梦。

每当这时，我们都会重新思考和排序人生中最重要的事情，然后重新专注于爱和健康之类的价值。

为了走向成熟，我们正在经历"适当的挫折"。

多亏了前扣带回皮质和其他诸多大脑领域的功能，我们能够安抚自身的焦虑和自我意识，把失败渐渐融入自己的生活并慢慢向前迈进。这个大脑区域本来就负责对社会性疼痛（如被拒绝）进行敏锐的反应，检测错误与调整情绪等。

而问题发生在你的前扣带回皮质过分活跃的时候。

一项以一般人群为对象的研究显示，个体前扣带回皮质体积越大，完美主义倾向越明显——这一大脑区域就是完美主义的神经解剖学基础。以更加严谨的方式表述，即随着前扣带回皮质体积的增加，人们更担心自己会犯错，并且过度怀疑自己的行为。当这个区域体积增大的人无法肯定自己的能力和自己行为的结果时，就会产生抑郁、焦虑和其他负面情绪。

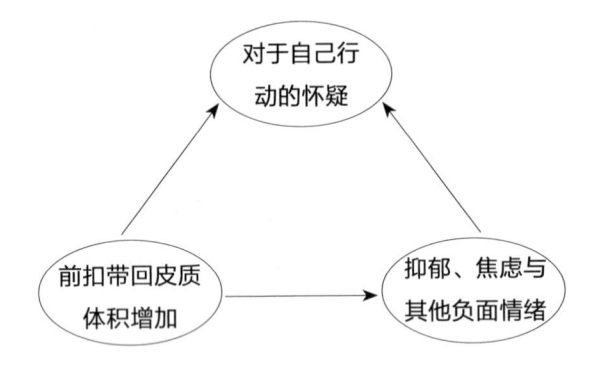

```
        对于自己行
         动的怀疑
         ↗      ↖
   前扣带回皮质  →  抑郁、焦虑与
     体积增加        其他负面情绪
```

前扣带回皮质在极度焦虑的人群中也有着极高的活跃性。这类人对于自己和他人的相关信息、情绪效价，以及相互碰撞的不同刺激表现得特别敏感。因此哪怕他们正沉浸于实现目标的行动中，突然间又会因为自我评价和他人评价，或现实与理想之间的差距而变得十分敏感。

人们很容易习惯这种对错误和差距敏感的危险思维模式。本可以一笑而过的事都会让你花费精力，即使你做好了一百件事中的九十九件，你也会因为那没做好的一件去否定那已做好的九十九件。

特别是对自己的名声和他人的评价敏感、对自己的错误反应强烈的"评价忧虑型完美主义",前扣带回皮质表现出了更加显著的异常。

假如你因为在工作中有所失误而对自己不满意,但不怎么顾虑名声,那么你的前扣带回皮质便不会表现异常。但当一个在意他人评价的人犯错时,其包括前扣带回皮质在内的侧脑就会过度活跃。同时,由于这是一个关于失误检测和自我控制的区域,在认识到失误后,该区域的反应速度也会下降。

如果长期处于过分在意他人评价的状态,人们会把他们本该做的和本可以做的反应延后,带着伤痕累累的自我站在原地,进退两难。

事实上,我们完全没有必要,也不可能是完美的。但是不承认这一点的人却呆站在自我批评和完美主义的墙壁内,让多余的想法和敏感的大脑一同制造不安和焦虑,从而沉浸在今天的不幸和不足中。

如今,这种完美主义倾向正不断增多,忧郁和不安的门槛也在不断降低。

研究显示，人们对自己和他人的完美主义标准有持续提高的趋势。同时，研究对象猜测的他人对于自己的要求也在持续升高。

在意他人评价的完美主义倾向往往会导致长期的自我不确定感和自我怀疑的上升、自我效能感的下降，以及抑郁、自杀等病理症状。所以，如果你有完美主义焦虑，你应该把它看成是一个临床症状，而不是性格特征。

让我们仔细观察一下自己的行为模式，你如果在行动输出之前有很多迟疑，那么就应该仔细审视一下这些来源于你自己的阻力。

你必须停止奔跑时的左顾右盼，停止对于自己想法、行动和成就的一次次颠覆。有完美主义倾向的人最好不要读《削棒槌的老人》*这篇文章。如果你不打算"铁杵磨成针"，那就在你的脑海或现实中按下"删除"键，条件允许的话也许还能出去喝杯咖啡。

我们希望有人能认为我们的表现和成果是完美的，

---

*《削棒槌的老人》是韩国著名作家尹五荣的作品，文章整体表达了对于"匠人精神"的赞颂。

但那些不了解我们完美的人又怎么能给我们信心呢？他们什么都不懂。

你比任何人都更了解自己，所以你必须快速了解自己对错误和差距的敏感程度，并练习去关掉随时可能会出现的焦虑"开关"。

别再费心思了，不用太完美，只要做得不错就好。

临床心理学家的话

有好结果的话很好，没有就算了

如果你在经历抑郁和焦虑，甚至还有完美主义倾向，那你要先处理一下你的完美主义倾向。因为，不稳定情绪状态下的完美主义倾向会持续影响人际关系，对心理治疗的预后效果也有着负面影响*。

当然也存在积极的完美主义，但大部分的完美主义者都不知道什么是"适当的"，所以绝大多数的完美主义倾向都会引发身体和精神上的病理性问题。

看过一些说法，如今大多数韩国人都患有慢性疲

---

* 当然，你需要区分你的完美主义是真正的完美主义，还是懒惰造成的错误习惯。后者不是完美主义，而是犹豫不决、容易拖延的坏毛病。他们只是觉得完美主义者的标签能够更好地包装自己而已。

劳综合征，这就是典型的例子。一项追踪慢性疲劳综合征病人日常生活的研究显示，自我批评的完美主义最终会导致情绪烦躁、压力敏感程度过高、抑郁和自杀。担心别人对自己的看法总是会让我们内心沉重。

在心理学中，个体对于别人对自己评价的看法和情绪属于公众自我意识。公众自我意识伴随着各种情绪，其中有积极的自我意识情绪（比如自豪感），但类似羞耻和内疚的消极自我意识情绪则更加常见。

你开始专注于消极的自我意识情绪时，将难以认知客观情况，无法做出合理的认知处理。不仅如此，在人际关系中还会发生"紧张到快要呕吐"的生理体验。如果像这样一直沉浸在羞耻感和负罪感中，反复咀嚼自己的语言、行为和情绪，那么抑郁、焦虑和失眠就会接踵而至。我的很多来访者都是因此而决心接受心理治疗的。

但准确地说，有问题的并不是自我意识情绪，而是有关完美主义的错误观念。如果我们从统计数据中移除完美主义特征的话，自我意识情绪对抑郁和焦虑的影响也会随之消失。

你可能会问:"那么我想要变好,该如何处理这些情绪呢?"实际上抑郁和焦虑问题的根源并非情绪,而可能是"我必须要这么做"的完美主义观念。

因在童年时期被赋予过高期待而变得过于顽固的超我,以及对原生家庭叛逆所带来的负罪感和自卑,会使我们过于追求完美。为了不给别人添麻烦,为了不听别人说自己的坏话,为了不被社会排挤而过度矫正自己的行为……我们的心难以停留在当下。一会儿回想自己的过去,一会儿想象未来的无数种情况,在这样的过程中,我们的心理负担过重了。

当然,为自己的生活付出很多努力是件好事,这就足够了。你不需要为了实现完美而承担不必要的痛苦,那将摧毁你的内心。

客观来讲,人的一生并不长,虽然没有必要每天都沉浸在快乐中,但至少可以对自己宽容一点儿。

不要因为别人的看法或没有发生的事情而战战兢

兢，不要每天清晨都带着压抑的心情睁开眼睛，不要为了躲避汹涌而来的焦虑而游荡在无意义的网络上。这种生活反而会令你更加焦虑。

完美主义在与积极的情绪体验相结合时会产生最好的效果：当你为追求完美的自己感到高兴，为接近完美的情况感到高兴，而不在意结果是否完美的时候，完美主义会带来"最好的结果"。（我没说是完美的结果，因为"完美"是不存在的，在完美主义者的大脑里尤为如此。）

别这么"执着"了，就做现在能做的事吧。

"有好结果的话很好，没有就算了。"

这是我常常挂在嘴边的话，也是治疗过程中最有效的话之一。

工作、爱情、子女、婚姻上的失败会降低我们的价值吗？

不会的。有一句话是这样说的："只要我内心没有敌人，世界上就没有任何东西能伤害我。"

因为我已经尽我所能，所以只要我内心没有敌人伤害我，外部也就没有任何东西可以贬低我、伤害我。

我在小时候和青少年时期经历过广泛性焦虑障碍和中度抑郁，有时候我也会回想当时的想法和情绪。回想过去，我会觉得不能理解为什么在那个阶段要如此尖锐、粗暴地伤害自己。

当时的愿望其实没有那么重要，到头来能照顾自己的只有自己。

我希望我能成功，但失败了也没关系；
要是他喜欢我就好了，但不喜欢也没什么事；
希望这次尝试能有好的结果，但是不行也罢。

如果事情顺利的话，我只需要取得那一点儿自我效能感的提升，然后再准备下一件事情就可以了。如果不行呢？不行就不行吧，没有关系。

竭尽所能，做到不会让自己不快乐的程度后，只要以"所以还要我怎样？"的心态，找出其他快乐的事，并乐在其中就好了。

我们需要一个完美主义无法介入的快乐列表。

去寻找一件能让自己感到最纯真、幸福的事情。

完美主义无法介入的快乐列表

独自看电影、写文章、喝美味的咖啡、追星、买《星球大战》的周边、自己动手做喜欢的模型、和相爱的人坐着聊天、和朋友分享笑话、观察路人……

我们以后还会继续失败，经历突如其来的不幸和拒绝，但我们还是会像以前那样，每天战胜一点儿空虚，继续生活。

我们不需要百分百的完美，也不需要取得让所有人认可的成就。想一想，这些成就对我的尊严和价值真的那么重要吗？

在我们所走过的数十万个小时的时间里，我们一直都是完美地活着的。

不是0，也不是0.5，而是作为1存在着。

没关系，已经够好了。

没有必要那么费尽心力。

今日作业

仔细思考你想变完美的起因，寻找根源。

思考完美主义倾向是如何在你的心底扎根的，以及它一直以来是怎么伤害你的。

思考在做什么的时候，你拥有最纯粹的快乐。

抽两个小时的时间去做那件事，安抚自己。

买点小礼物送给自己。

我们每天都在同焦虑和空虚做斗争并活到了现在，没事的。

6

「为什么倒霉的总是我？」

委屈

S的表情愤怒又无奈。

"每当人们听到我的故事后,都会笑着问我'你怎么会这么倒霉'。我已经很努力了,但每过一段时间就会有人向我泼冷水或者干脆搞砸我的工作,我变得越来越敏感。我从来没有顺利完成过某件事情。有的时候睡梦中也会想起这些,愤怒就涌上心头;有的时候又觉得这就是我的命,心里满是无奈。"

S说他每次入睡都需要很长时间。关灯躺下的时候,抑制不住的思绪就会像暴雨一样倾泻而下。

当时要不是那个人/那件事……要不是……

"要不是……/要是没有……,现在的情况肯定会更好的。"这样的想法不断涌上心头,他就压抑不住自己的愤怒。每当压力较大的时候,他的心中就会充满委屈,无法思考。

他的人生的确不是很顺。虽然没有什么特别的临床上的创伤,但每次在重大的机会面前,重要的社会关系往往会不幸破裂。自己明明没有太大问题,却被不好的评价折磨，计划常常突然中断。

在前几期的心理治疗中，我发现S的情况有着非常明显的规律。每当我对他经历的事情感到同情，产生共鸣的时候，他就会像在扮演受害者角色一样，深陷其中。

如果他觉得没有得到充分的支持，就会试图用其他事件来强调自己艰难的生活。在这种情况下，治疗进行得非常缓慢。他每次都会把类似的主题用新的内容重新包装，然后讲述自己有多么委屈和痛苦，从而使话题回到原点。

仔细倾听咨询内容后，我发现相比他自己的反应，他更详细地讲述了他人的行为，并且经常向我询问其他来访者的生活状况，想要和他们比较不幸的程度。

"那是必然的结果，我也可以做到。但是上面突然下达这样的指示，我能怎么办呢？现在我害怕相信别人，他们完全把我当成了傻瓜。现在我什么也不想做，这样维持现状已经是我的极限了。天啊，天下还有像我这么惨的人吗?"

虽然像他那样惨的人还有很多,但我还是让他再以同样的模式讲述了他的不幸。那天对S来说仿佛真的是很痛苦的一天。

脑科学家的话

受委屈先别急着喊冤

人类的大脑本来就被设计成"成功归功于自己,失败归咎于他人"的模式。

这种认知是非常重要的自我保护资源。这种功能使得我们的大脑可以简单、轻松地解释过去和现在的复杂情况,并预测对我们有利的未来。

在这个世界上,不如意的事情十之八九,所以只有我喜欢我自己,才能活得开心。

当事情发生后,人们总会做出寻找原因的"归因行为"——对于积极的结果会进行自我归因或内部归因,认为是自己的功劳;相反,对于消极的结果会进行他人归因或外部归因,认为是对方的错。

这种心理习惯在心理学中被称为自我服务偏差。

尤其是在我们感受到自我概念受到威胁的时候，我们会习惯性地把问题归因于外部环境。

例如，当"我是好学生"这一自我概念受到威胁时，我会认为"考试题目出得很奇怪"；在"我很有礼貌"这一自我概念受到威胁时，我就会认为"是那个人很奇怪"，把原因转向外部。

维护我们自尊感的自我服务偏差虽然看起来像是在狡辩，但其实在心理上却有着重要的作用。

但也有部分人的自我服务偏差没有正常运作。研究表明，抑郁症患者自我服务偏差的功能相当不明显。即使是在实验场景中人为制造抑郁的情况下，本该自发启动的自我服务偏差也失效了。

有一些长期暴露在家庭纠纷中的孩子，他们将父母的矛盾归因于自己，并通过这种归因试图理解家庭纠纷。这类孩子可以算是上述问题的典型例子。当你为了他人的安逸，或因对关系的错误想法而持续地感到内疚时，你就会失去保护自己的能力。

全都怪我。
我们家庭贫困、不幸，
父母离婚，
我的离别，我的失败，
一切都怪我。

有研究表明，自我服务偏差被打破，会导致心理和生理上的疾病或现有疾病的恶化，所以在心理治疗中往往会花很长时间来修复过度的内部归因。

接下来，我想谈谈自我服务偏差过强的情况，它关乎自我怜悯与我们的委屈感。事实上自我服务偏差一定程度上会阻碍我们的心理成长。

很少有人能客观地看待那些失败、绝望、羞耻和侮辱感交织在一起的记忆。

人们之所以在这种情况下选择"可怜的我"而不是"我的错"，是源于想要活下去的本能。因为接受失败已经够痛苦了，所以还没有准备好把痛苦归咎于自己。只有谴责某人,我们才能把注意力从失控、焦虑和挫败的感受中转移出来*。

在让你埋怨和感到委屈的往事中,有些事情可能怪别人,有些事情还是要怪自己。但不管当初是谁的错,现在追究也没有意义。

这个时候埋怨别人虽然解决不了实际问题,但可能会获得他人的同情或支持。由于这种情绪收获,我们才无法放弃这种老套又戏剧性的解决方案。

所以仅仅是让那些习惯把责任推给他人的人承认这一习惯,都需要很长一段时间。

对负面事件的外部归因、对他人想法的过度曲解、对事实扭曲而形成的被害妄想等精神疾病症状,都与多个大脑区域的异常活动有关。

在一项针对普通人的研究中,当研究者引导研究对象注意那些对他们有威胁的事或处理相关信息的时候,也能观察到类似的结果。

在大脑活动异常的这些区域中,很多研究人员已

---

* 事实上,寻求心理治疗的来访者中,有一部分人,与陷入抑郁中伤害自己相比,更愿意选择谴责别人来寻求心理安慰。毕竟那都是为了在痛苦当中挣扎着活下去所做的努力。

经关注到了包含一部分颞上回的颞顶联合区。这一区域也被认为是社交互动的核心区域。但是，如果这个区域不能正常运转会发生什么呢？

在使用特定技术暂时抑制右侧颞顶联合区（负责揣摩他人心思的大脑区域）的活动时，被研究者会更想了解对方是否具有敌意；当抑制左侧颞顶联合区的活动时，被研究者会过度推测别人的意图*。由此我们发现，我们之所以会怀疑他人的意图不是因为我们的大脑过于活跃，而是因为我们大脑的一些区域没有正常工作。

颞顶联合区不仅能帮助我们推测他人的内心想法、掌管我们的同理心和道德判断，还能抑制或调节对他人的敌意和攻击，所以过分责怪别人的人往往也更容易表露自己的愤怒。

在健康的心理状态下，我们可以适当地进行归因。每当我们想把所有责任都推到别人身上时，我们就告诉自己"醒醒吧，这样的思考方式有点过分了！"，然后及时止损。

因为我们一旦养成了归因他人的习惯，就会渐渐

---

* 值得庆幸的是，他们特别专注的是非敌对的意图。

失去承受挫折的力量，缺乏抗挫力。尤其是不愿意"看到"自己的防御态度，为此我们会不断地把注意力与怒火转向外部，减少自省，而更看不清自己的问题。

可是这时我们的大脑和心灵却在做着奇怪的事：一方面大脑观察他人情绪和社会情境的活动性降低，另一方面因为抵抗矛盾的心理资源不足，大脑不会积极寻找解决方法，反而会产生过度的愤怒、委屈和孤独感。

有些人明知自己的状态会使身边的人感到厌倦，还任由委屈和孤独感发展。感觉疲惫的时候偶尔这样没有关系，但我们必须扪心自问：是否因为精力放错了地方，对自己造成伤害？

那些都是你宝贵的生命能量。

让我们培养其他东西吧，比如自己的宽容，或是可爱。

临床心理学家的话

你的过去不代表你的未来

没错,生活并没有那么简单。

在我们的生活中,不如意的事情十之八九,余下的一两成才是我们希望发生的。

越来越多的研究结果表明,普通人的整体压力水平正在逐年升高。

当事情涉及人际关系时就更无法控制了。偶尔的烦躁或不高兴自不必说,然而就算我们没有什么野心,想要以平和的态度去过成熟的生活,却还是会为在不知不觉间陷入与他人的角色关系,产生类似"非我不可"这样的想法而费尽心力。

面对已经出现的问题,我们必须学会去接受它,对自己的行为负责，有时还要承受孤独的重量。但很多人为了保护自己而欺骗他人，甚至还会欺骗自己。

特别是遇到各种各样的失败或挫折时，我们总是担心自身的价值是否会受到损害。此时，不管是指责的对象，还是向我们伸出援手的人，任何人都可能会成为我们的挡箭牌。

长期以来逃避问题，会导致我们没有别人帮助就什么都做不成，我们对外界环境的依赖程度提高，自尊降低。这样一来，即便偶尔发生了一些好事，我们也无法自在地享受属于自己一个人的快乐。

这种行为模式不是凭空而来的。一旦被拒绝、被蔑视等消极的自我概念长期积累成为记忆，不论是天资聪慧的幸运儿还是全靠偶然的机会坚持到现在的人，遇到突如其来的问题时，心里都会不由自主地焦虑。

"我"已经足够努力了，所以无法接受负面的或模棱两可的事情成为"我"生活的一部分，并威胁到"我"的形象。"我"不能理解自己为什么要承受这样的事情。由于感到委屈，身体甚至出现各种症状，有时还觉得自己患了抑郁症。

"我是这样的人",在担心自我概念受到损害的心理基础上,"自身的斗争"也起到了一定的作用。研究表明,理想自我和现实自我之间的差距越大,被害意识和防御意识就越强。

在生活中,我们会时不时地接收来自外界的反馈。在这种情况下,如果发现现实的自我远不及理想的自我,那么我们的脑海中就会出现这样那样的失败场景,因此感到不快和困惑。

"我不应该是这样的,这都是因为他,因为他!"

"我并不是做不到这件事,只是因为现在情况不太好,我不想做而已。"

像这样向周围的人寻求支持和理解的过程中,我们的所有故事都会围绕着不幸、委屈和自我辩解进行重组。那些被困在这个框架里的人则会更加巩固"我们"作为受害者的角色。在自己的问题和缺陷暴露之前,在自己的形象陷入危险,或人们发现假定的加害人其实根本"无罪"之前,"我们"会先站稳受害者的位置来博得同情。

但是，如果你把有限的时间和精力都用在对琐碎的事件表达不快和委屈上，那么你的生活可能会真的变得很委屈。

不要让过去的片断决定你的未来。从五年后的角度审视现在，冷静地想象，你会后悔没能诉说自己的委屈，还是后悔没有在那个时间做些什么？

即使让"我"遭受挫折的人真的存在，但如果"我"没有能力马上改变那个令人讨厌的对象，那么就应该迅速察觉到正在隐秘运作的外部归因模式，重新调整心态。

就算总是控制不住地回想"因为你，我很不幸！""如果不是因为你……"这样的语言，只要我们内心足够完整、强大，就能让它们如耳旁风般轻轻掠过而不伤害到自己。

为了逐渐拓宽内心，我们最好重新审视一下自己错综复杂的内心。对于脑海中浮现的消极想法、怨恨和愤怒，我们必须承认并宽容地去接受。

我们不需要强行控制自己的心理体验，因为"越是想要抑制自己的想法，那个想法就会变得越有力量",所以我们需要使用"接纳"的方法。

如果你是因为不必要的自尊和依赖而无法做出最好的选择,那么有几点你真的需要去关注。

第一,建立一个理想的自我。认真思考,抛弃其中过于不现实的部分。有可能正是一些错误的自我意识或预想让现在的你感到困惑。

建立一个理想的自我形象,对某些人来说可能很重要,但这不是绝对的。如果你取得了很高的成就,那固然很好;即使你没有成功,你的价值也不会下降,你的价值一直都在等待着你的认可。

如果你已经建立了一个理想的自我,那就去做你现在能做的事,期待有一天它能与现实的自我融合。

就像我经常说的那样:"成也好,不成也罢。"

第二,要改掉嫉妒对方成就的习惯。"那个人只是运气好""如果不是原生家庭对我这样,我肯定不是现在这个样子""摆在我面前的情况太不公平了"……我们应该迅速认识到这类想法是多么浪费我们的认知资源。

从现在开始,我们需要理性地去计算可以改变的和不能改变的东西、需要改变的和不需要改变的东西。在20多岁的年纪，还通过责怪自己的原生家庭来发泄愤怒，是完全没有意义的。请不要总是回头看。

作为成年人，你就是自己的监护人。

最后，找到一个可以和你一起解决这个问题的人。如果没有人能客观地监控你的行为，那么外部归因的心理模式很容易固化。

不能把别人对你的负面评价都当作嫉妒你，奉行精神胜利法。你身边的人和养育者也不应该一味地安慰你说你很优秀，这只会让你更加专注地扮演被害者的角色，养成畸形的自我。

你需要有人（哪怕只有一人）在一旁纠正你的错误，告诉你：

"现在不是哭诉冤枉的时候，而应该自省。如果是别人的错，那么就应该培养自己的力量；如果没有人犯错，就应该正视自己扭曲的想法；如果是自己的错，就应该适当调整我们成长的思路。"

你的过去不代表你的未来。

今日作业

想一想:

我在什么情况下会责怪别人?

责怪别人有用吗?

有没有人在合适的时候给我一些忠告?

我在别人的记忆里会是什么样的人呢?

心理学小贴士

不要陷入完美主义带来的焦虑

当然,为自己的生活而努力是件好事。但这就足够了,你不需要为了追求完美而承担不必要的痛苦,摧毁你的内心。

7

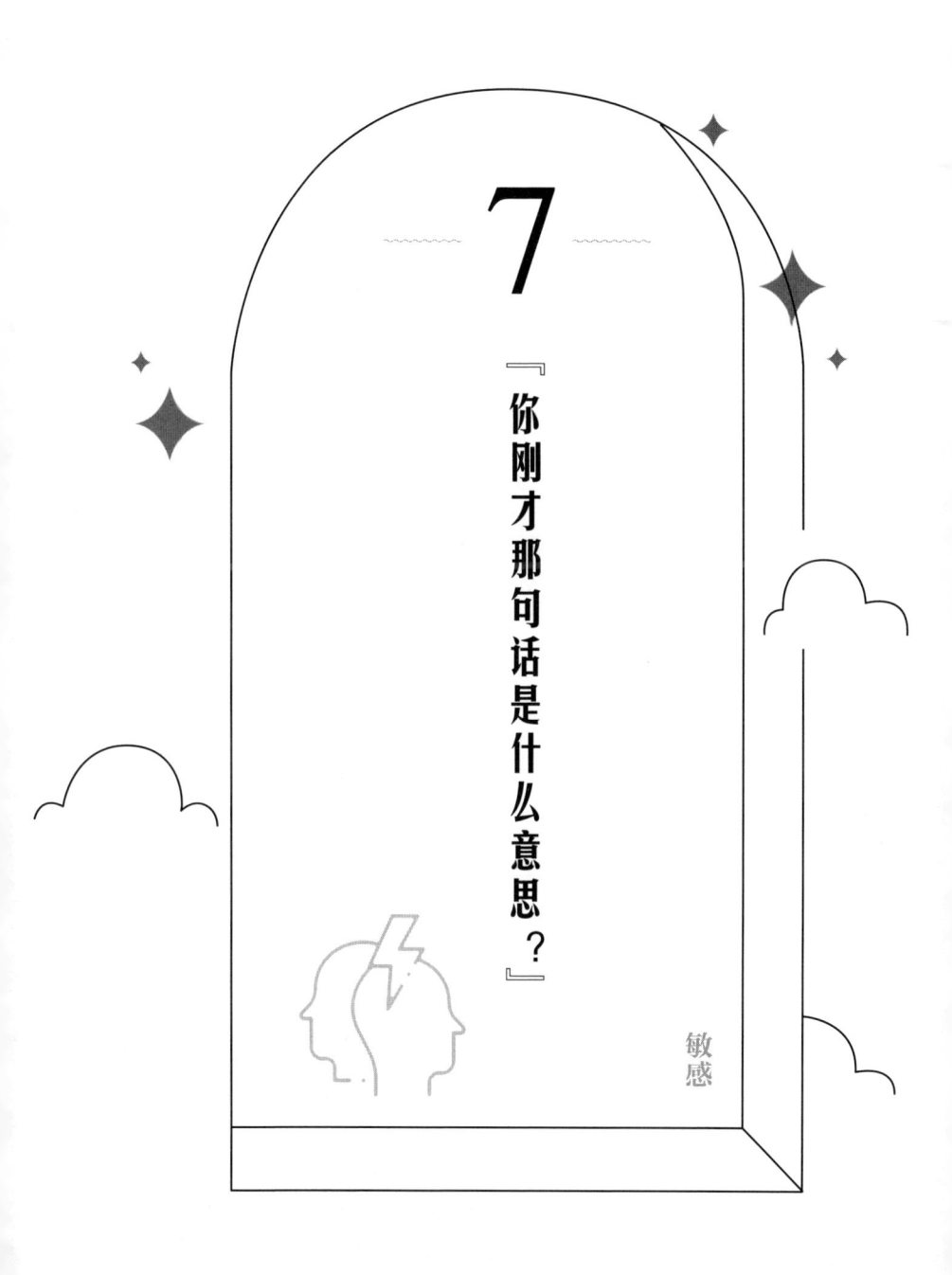

「你刚才那句话是什么意思？」

敏感

当天，M尖锐的态度就像是已经用坏的钢丝球一样，不断划破原本还顺利的心理咨询。M反复询问我的问候和提问是否有什么隐藏含义。

之前出于礼貌而隐藏的不快也暴露出来。
"您好像认为我的问题有什么隐藏的含义。"
"是的，你总是在拐弯抹角地和我说话。如果你有什么话要跟我讲，直说就好。"
今天对M来说，咨询过程似乎一点儿都不舒服。但他又希望我能尽快让他安心，于是不断地咬着下嘴唇。

M的人际关系总是很紧张。如果稍不注意，就会感觉被别人冒犯了，所以他很难和大家舒服地待着。

每当和别人交谈的时候，M会因为思考别人话里隐藏的含义而展开没完没了的"剧本"，把自己弄得精疲力竭。

为什么一定要回头看着我说那种话呢？
那种玩笑为什么偏偏在我到的时候开？

刚才你那眼神是什么意思？

M不顾那些中立态度的话语，执意展开防御，努力做着自我辩护。即使是自己一人待着，M也会反复思考以前的事情，内心充满了不安。

内心的猜测时时刻刻都在增长。为了证实自己的猜测，M会思考可能发生的各种情况，不断收集一些有偏向性的证据。

M在和恋人吵架的过程中也有一套模式。在愉快聊天的过程中，他会突然表情僵硬地问："你刚才那个表情是什么意思？""你刚才那句话是什么意思？"那也是他们每次吵架的先兆。

在这样的事情多次发生后，他的恋人也开始不再积极地回答问题，渐渐表现出了不耐烦。当M意识到自己得不到满意的答案时，他只能变本加厉地追问。

"你以为我不知道你是这个意思吗？"因为想得太多，他开始分不清事实、控制不住自己的情绪和胡乱猜测。

每当这样的事情发生后,他就需要很长一段时间来调整自己的节奏,也常常因此耽误工作或丢掉感受快乐的机会。

脑科学家的话

无端猜疑创造的"拼图游戏"

一块碰巧被烤成圣母玛利亚形状的面包片在美国进行了拍卖,最终以2.8万美元的价格成交。这件事恰好反映了我们大脑的独特特征。

在我们无暇欣赏金黄吐司上黄油和果酱慢慢融化的样子时,有些人却会给焦黑面包的形状赋予意义并拍卖它,又有人会在拍卖市场上以很高的价格将它拍走……有的时候,我们会想,至于吗?但人本来就是这样的生物。

人类的大脑是为了寻找逻辑和规则而发育出的"机器"。孩子们在看到油漆的污渍和云朵后也会尝试着去解读它们:"这是大象!那是兔子!"

当然，我们并不总是会想象到一些愉快的景象。我们的消极假设和猜测都是基于一些很小的偶然事件而展开的，比如人们的表情，语气的变化，对话的暂停，聚会的提前结束或取消，等等*。

总是忙于保护自己的人经常遇到的问题就是：他们会胡乱拼凑信息，然后跳跃到一个匪夷所思的结论上。

他的表情怎么变了？→（思想跳跃！）→他讨厌我！

这并不是一个有内在逻辑、连续性的想法。他们会抛弃本来的想法，突然跳跃展开猜测。

心理疲惫的人常常会在非常中立的故事中读出负面意图，也常常将毫无意义的偶然事件说成与自己相关联。

他们是在骂我吗？

虽然只是大脑里一个基于假设的念头，但这个念头的力量并不小。由于没有任何证据能证明有人讨厌

---

* 这个时候如果是思考的"内容"出现了问题，会导致被害妄想、夸大妄想、罪恶妄想、疑妻症等症状；如果是思考的"过程"出现了问题，则会导致思维的飞跃、联想散漫、思维不连贯等。

他，所以周围的人也都无法推翻什么证据以说服他改变想法。

将自己的想法有机地交织在一起创造出好的成果是一件好事，然而将无端的猜疑、假设与自我价值感、尊严感、效能感交织在一起而使自己陷入痛苦，这对生活没有任何帮助。

在思考的过程和内容上有问题的精神病人，脑中的腹内侧前额叶皮层、杏仁核、岛叶和纹状体出现了异常。这些区域与自我参照的过程有关，这种过程会将周围环境信息与自身关联进行处理。当这些区域发生异常的时候，我们就会产生周围发生的所有事情都和自己有关系的错觉。

所以脱离正常范围的大脑的活跃性和连贯性，已经不只是怀疑"他们在说我吗？"的牵连观念，而更与关系妄想有关。这是一种认为周围的中立事件、行动、对话都对自己有特殊意义的妄想。

不仅如此，大脑的这些区域与我们处理情绪的能力也有很大的关系，所以我们的思考已经不是单纯的思考，它还会增加情绪上的痛苦。当内心的焦虑没有得到妥善处理时，恼人的忧虑与心中的无端怒火就会愈演愈烈。

"如果那个人讨厌我怎么办？"

（即使有人讨厌你，一般也不会发生什么大事。）

"如果他们在说我坏话怎么办？"

（如果本人不在场的话，国家元首也是会挨骂的，我们有什么不同吗？）

"如果恋人觉得我微不足道怎么办？"

（……这必须分手。）

因为确信自己的可悲假设总有一天会被证实是真的，他们会为中立的线索感到愤怒，表情变得僵硬，开始对周围的人说一些不成熟的话。

想象在一次聚会上，因为不喜欢别人的笑话或他们说的话，"我"突然爆发："你为什么要说这种话？""你是说出来让我听见的吗？"把愤怒的情绪发泄到其他人身上，在场的所有人势必都会惊慌失措，聚会的氛围降至冰点。

之后，为了摆脱这种不舒服的场景，"我"会进一步提升愤怒的等级，以使之前的愤怒合理化，最终导致自己比之前所预想的更加生气。

目前，没有足够的科学依据能证明情感发泄的积极效果。

当我们发泄愤怒时，所有的情绪反应都集中在愤怒上。我们没有时间顾及其他的情感，如孤独、悲伤和微妙的安全感等，自然也就无法接收这些情感所传达的信息，无法从这些情感体验中获得意外的洞察力。也有研究表明，当你发泄愤怒后，对方会更生气，从而导致社会关系的恶化，那么这可能会为日后的抑郁埋下祸根。

在生气的时候格外活跃的工作记忆也是问题之一。

工作记忆会在你的脑海中短暂保存你的经历，然后在需要的时候重新把它拿出来。这种工作记忆在你的日常生活中很常见，比如解决一道心算题，或是尝试记住并重新解读一段对话。

研究表明，人们表达负面情绪时会更容易保持这种工作记忆。所以，沉溺于愤怒的人会更难摆脱愤怒。因此，当其他人都投入到喧闹、愉快的氛围中而忘记了刚才发生的事情时，只有愤怒的你还牢记之前的气氛、对话内容和众人的表情，把它们当作延续愤怒的燃料。

如果你在愤怒中双手紧握着那些不那么重要的记忆，那当你真正需要双手的时候，你就只能攥着拳头傻傻地站在那里。

每个人情绪和认知的能量是有限的，不要把精力用在失望和生气上。

如果你发现自己正将随意猜测的习惯、过去的记忆和负面情绪当作图块，拼接成一幅非理性、不合理且不必要的拼图的话，你需要如实地审视自己的状态，坚决与自我保持距离。不要让脑内的电化学信号在思想、情绪和自我概念的区域里四处乱窜。

你本来就没那么生气，他们也从来没有带着那样的意图和你说话。

所以，当你感到自己的价值感被人侵犯，并为此感到不快时，请暗念一句"啊，我怎么又这样？"来重新冷静地审视自己。

事情没那么严重。

即使有人真的心怀恶意地嘲讽你，你也要让自己和他人知道，你的价值不会因为这些恶言恶语而受损。不要因为这种无礼的行为而陷入痛苦。

临床心理学家的话

定位你的情绪开关

在心理学书籍中，我们经常可以看到关于心理防御机制的故事，它是保护我们自我的、无意识的自动机制。

"投射"就是一个心理防御机制的典型例子，指的是一种将自己的潜意识感觉和欲望转移到他人身上的现象。举个例子，有时候，我们会觉得后辈的一举一动都让人讨厌，但因为不能这么说，所以我们会说"后辈好像讨厌我"，以此向周围的人鸣冤，来隐藏自己的恶意。

另一种有代表性的心理防御机制叫作"置换"，指的是我们在不能直接表达一些无意识的情感和欲望时，会转移表达给一个在社会规范上可以被接受的对象。比如我们对某个权威人物感到非常愤怒，但在他面前因为完全无法表达这种情绪而保持沉默，之后又寻找周围的"软柿子"来发泄愤怒。

知道自己习惯使用哪种心理防御机制是非常重要的，但如果只专注于防御机制的种类，你就会错过真正重要的事情。所以我想问你一个问题：

"你常常在什么时候启动心理防御机制？"

我们不会在日常生活中的每一刻都采取防御的姿态，但我们还是会习惯于在某些特定的关键时刻，打开自我防御的安全网。

如果这个问题很难回答，那我换一种问法：

"你在什么情况下会变得严肃或生气呢？"

"当你和谁在一起的时候，什么情况下（其实是一些无关紧要的小事）会感到被攻击、不舒服和羞耻呢？"

每个人都有一个"开关"。

外貌、职业、对学历的自卑感、不顺利的个人经历、不幸的家庭故事、努力后没有得到回报、子女或自身较低的成就……当不想暴露的弱点被触碰的时候，我们的理性会停止工作，即使那对别人来说是一件微不足道的小事。

当"开关"被突然按下的时候，我们可能就会突然喊出那句"不要拐弯抹角，有话就说！"，以此来发泄莫名其妙的愤怒，或者突然从充满欢声笑语的集体聊天群里退出。

不成熟地攻击他人后，或许因为在意自己的名声，或许因为觉得自己的行为很卑鄙，我们会寻找其他的借口来继续发火，以保住我们伤痕累累的自尊。

每个人的"开关"都不同，但是"开关"打开的原因已经比较清楚了。被背叛的经历、家庭内的情感虐待、同辈间的集体排斥……这些创伤性的经历塑造了无数个这样的"开关"。当我们的外表、性格、行为和能力被忽视、被拒绝、被指责的时候，我们所经历的羞耻、内疚和被孤立的阴影会深深地留在我们心底。

被推到谷底的我们会努力回应那些微妙的线索，拿着锋利的长矛来回巡逻，说："我不会像当时那样坐以待毙，我比以前好多了！"

但这并没有让事情变得更好。从心理学的角度来说，我们仍然停留在原地。

尽管我不知道这句话听起来是什么感受，但**创伤经历其实是很常见的**。在一项针对2064名儿童的长期跟踪研究中，有642人（31.1%）报告了创伤经历，似乎没有临床心理学家对这样的结果感到惊讶。

按照这个数据，就算我们的朋友当下看起来没有精神问题，我们也不应该认为他没有过创伤经历。他可能是创伤经历的幸存者，但他知道自己的"开关"来源于哪里。

如果我们知道"开关"的来源，就能知道它是如何开启以及关闭的。由此，我们可以在生活中更加自然、更加游刃有余地应对。清楚自己的情绪在什么情况下会变得脆弱，会帮助我们做出更多靠谱的选择。

我也有很多"开关"。自我了解清楚了各类"开关"后，有些就被我做得非常小，只有我自己能看到，但也有些做得很大，大到任何人都可以按。

即使在课堂上，我也可以轻松地表达我的抑郁和焦虑。我并不是想通过示弱让别人照顾我，只是我决定不再掩盖自己的脆弱和羞耻感。如今我刻意挑选出来的大"开关"谁按都无所谓了。

你要警惕自己开始自我防御的关键节点。你的确应该保护自己、安慰自己，但如果需要随时警惕周围才能保护自己，那肯定有什么地方不对。

看着一个为了不被侮辱和贬低而费尽心思的人，任谁都会感到不适和尴尬。讽刺的是，越是这种费尽心思的人越能立刻感受到周围的不适感，然后发出"这是什么气氛啊！""你们为什么要这样对我？"的质问，然后再次发泄愤怒。

举个例子，当你和家人在一起的时候，兄弟姐妹开玩笑，你顿时非常生气：

→其他家人指责我的这种反应

→我的愤怒蔓延到其他家人身上

类似这样的模式。

这听起来可能有点奇怪，但请想一想：你有多喜欢橘子？

有的人很喜欢橘子，有的人不那么喜欢。喜欢吃橘子的人在冬天可能会突然想吃草莓而不是橘子，但毫无疑问那个人肯定还喜欢橘子。同样的，即使是平时不怎么喜欢橘子的人，也会在某一天突然觉得橘子好吃。

对于"你有多喜欢橘子？"这一问题，你总是要百分之百喜欢或者百分之百不喜欢才能回答吗？个人对橘子的喜好既是有变化的，也是有大致倾向的。

所以，好恶和信任都是程度的问题。我不需要每天都有人百分之百地喜欢我，也不需要每天都把某人想象成一个百分之百可靠的人。

如果你认为这是必要的，那我可以负责任地告诉你，这是不可能实现的幻想。我总体上喜欢他，他总体上喜欢我，这就够了。和我在一起的人只要"足够可靠"就够了，不需要完美。

某一天，对方可能会对我开过分的玩笑或说过分的话。当愤怒的"开关"被按下时，我们必须尽快回顾下我们与对方的关系。

到现在，那个人"大体上"喜欢我。

是"大体上"珍惜我的人。

那个人说这句话的时候，一般没有什么特别的意义。

当你和恋人因为自尊的问题而按下愤怒的"开关"时，要尽快记起对方过去和你谈恋爱时表现出来的态度。他喜欢我，我也喜欢他。回顾过去，我已经充分认识到他是一个愿意与我一起走出困境的人。

所以要记住对方传递的积极信息，并在愉快或至少不痛苦的关系中重新找回安全感。

这样你就会慢慢认识到，自身的愤怒中有一部分是过去的问题引起的。也就是说，你之所以有现在的感受，可能不仅仅是因为当前的事件或眼前的人。

有时候你要和给你"制造开关"的人进行对抗，要模拟自己勇敢面对施虐者的场景，向加害者说出自己的正当愤怒*，然后重新养育自己。如果自己不清楚什么是最优先的问题、什么是最适合的方法，那么我建议你与心理医生一起进行初步的定位。

---

* 如果你确信直接进行对话对处理情绪更有效，你可以当面描述你的愤怒。但前提条件是，"不在意对方的反应"。无论对方道歉、嘲笑还是不屑于听你说话，你都要用自己的语言来表达你的愤怒。不一定要得到对方的道歉，你只需要在对方的世界里制造裂痕后回来，之后的事就交给他吧，回到自己的生活节奏就可以了。

无论如何，只有开始面对这种剧烈的变化，你才能从过去的痛苦中解脱出来。

是时候学会严肃地对待自己，而不是他人了。

现在没必要那么敏感尖锐。

你真的好好地一路走过来了，一切安好。

今日作业

仔细思考一下：

你的"开关"中，谁都不能碰的有哪些？

8

「这样活着有什么意义？」

抑郁

"如果我的人生没有什么特别的意义，那我不就没有存在的必要吗？最好的结局就是我在人行道上走着的时候，一辆汽车把我撞死。所以新闻里一提到有人死于事故我就会有种奇怪的期望，然后又会感到内疚……总之心情很复杂。"

T用淡淡的语气谈论死亡，平淡到仿佛在介绍他今天中午吃的拉面的味道。由于不确定自己是不是真的抑郁，所以他抱着试试看的心态来咨询了。

在长期经历无力感的咨询者当中，常常出现寻求"无自我意志介入的偶然死亡"这类被动的自杀意念。T害怕尝试或实施主动的自杀计划，这样的想法令他心怀罪恶感，又让他觉得自己很荒唐。

T的父母不和，这对T的母亲造成了很大的困扰。T能想起的第一段记忆就是母亲用抑郁的表情和语气叫自己的样子。妈妈的阴影在T的幼年时期就被埋藏到了他心里，至今挥之不去。

实际上，T从初中毕业后已经逐渐意识到，关于为什么要活下去的问题并没有什么明确的答案，所以他接下来就开始思考，持续一段没有任何意义的生活到底有什么意义。

他说他有时会坐在游乐设施的顶端，思考"如果从这里掉下去会死掉吗？还是说只是会很痛？如果我这样死去，我的世界就会迎来末日，这对其他人有什么意义？"这类问题，他还很清楚地记得自己曾想过，在什么年龄死去，葬礼上才会有更多客人来拜访。

与不用怎么学习也能跟上进度的小学和初中时期不同，T在进入高中后，成绩一落千丈。高三即将结束的时候，他决定复读一年重考自己想去的大学。随后他虽然考上了自己向往的大学，但生活并没有发生太大的变化。

"复读的时候我真的非常抑郁。夏天的时候，就经常躲在补习班的卫生间里哭，要不然就坐在教室的书桌前边学习边哭。太可怕了……我的家境也不是很宽裕，还想着就算读书又能怎样呢……但是大学生活还是挺有意思。教授们都很好，朋友们都很善良亲切，不过其实他们对谁都很好……你懂我意思的。"

后来，T虽然没能考上研究生，但也找到了与自己专业相近领域的工作，拿着不错的工资开始了职场生活。

T一回到家就会泡在网上，看看社会热点和一些搞笑视频，然后和网友们一起分享，每天的时间都过得很快。尽管如此，T认为人生没有意义的想法却始终没有改变。

偶尔和几个朋友相聚兴致高涨的时候，T的脑海里也会突然浮现"就算我不在，他们也会过得很好吧？""后半辈子估计也就这样了""我是不是活得太久了？"的想法。这样的想法把正准备"离开"的抑郁和自杀意念给拉了回来。

"这样活着到底有什么意义？"

脑科学家的话

不要总想"为什么",要想"怎么做"

抑郁不是突然出现的,而是像水渗透到纸巾里一样,一点点扩散的。有一天,我们会猛然发现自己经常陷入奇怪的想法,并觉得自己不能再这样下去了。

不知是从什么时候起,我们会觉得生活中的每一件事似乎都和自己的抑郁有关,仿佛刻在基因里。

我们一方面无法找到人生的意义,另一方面又因为害怕自己的抑郁给家人带来负担,所以负罪感也越来越大。其实我们的条件还算不错,但我们却仍然走到了这一步,似乎说明我们命中注定会带着抑郁的种子。

我们回顾至今的生活轨迹,感觉自己获得幸福的可能性很小,也很难在自己的人生中找到其他意义。

上述这些思维模式都是典型的抑郁症状。包括认为抑郁是天生的、感觉人生毫无意义、感觉被困在没有尽头的隧道里、对幸福生活的渴望……

这些抑郁的症状都会在大脑中留下痕迹。一项有关大脑影像的元分析研究，收集了来源于12项研究中300多名抑郁症患者的数据。研究结果显示，负责抑郁症患者记忆和情绪处理的两侧海马的体积显著缩小。

更准确地说，患者的右侧海马体积缩小了约10%，而左侧海马体积缩小了约8%。另一项研究显示，患有抑郁症的母亲，其孩子作为患抑郁症的高危人群，海马体积比普通人小很多。

值得注意的是，抑郁症患者的右侧海马体积与他们生活中发生的抑郁片段的数量有关。海马体积随着抑郁的复发而缩小的规律也已经在之前的研究中得到了证实。

在2008年、2011年和2017年发表的其他元分析研究也多次验证了抑郁症患者海马、杏仁核以及前额叶体积的缩小。

从研究内容上来看，杏仁核的体积越小（结构异常），对情绪刺激的反应就会越敏感（功能异常），在许多与抑郁障碍相关的元分析研究中也能经常见到这种结构和功能上的异常。

从研究结果上来看，无论我们如何利用美好的记忆来控制我们当下所经历的负面情绪，也难以平息过度活跃的杏仁核。在父母患有抑郁症的孩子身上也能经常观察到这个现象。

在杏仁核体积缩小的人群的问题行为当中，有一件事值得我们去注意，那就是使用社交网络成瘾。

杏仁核对外界刺激敏感的人容易被社交媒体上的各种刺激性信息所吸引，之后社交媒体的使用又会反过来加深其抑郁感受。这可能是因为我们常常在社交媒体上做向上的社会比较，不断地在和比自己优秀的人的比较中受挫。

事实上，最近的元分析研究也表明了，抑郁与社交媒体的查看频率和使用时间有关，但更重要的是，社交媒体上的社交对比和抑郁有着很大的关系。在社交媒体上，其他人的生活看起来更快乐、更有价值、更有意义。

处于我们大脑正中间前侧的前额叶在与抑郁和自

杀相关的研究中经常出现。前额叶体积减小的异常现象不仅在抑郁症患者中较为明显，在自杀高危人群*中也会出现。在我们将抑郁加入了控制变量后，这一区域体积的减小仍然是那些有自杀倾向病人的显著特征。

前额叶具有推理逻辑、抑制不必要的行为、规划未来等高级功能。当前额叶的高层次认知功能硬件（前额叶皮质）体积减小时，患者在面对问题时会更加倾向于选择有效但不需要长时间投入精力的解决方式。他们会不顾及长期效果地冲动选择能应付当下的方法，以便迅速解决问题。拖延该做的事情、暴饮暴食、自杀尝试就是代表性的例子。

抑郁和自杀尝试都会在大脑留下伤痕的事实，在某种程度上可能令人难以接受。这意味着，一旦陷入重度抑郁就会想到自杀，如果已经尝试了自杀，就会觉得现在是不是已经无法挽回了，是不是应该寻找一个大到可以掩盖这个痕迹的人生意义。

---

* 当抑郁症患者尝试自杀时，七个人里有一个人会在一年内再次尝试自杀，十个人里有一个人会在五天内再次尝试自杀。因此有过自杀尝试的人都会被分类为自杀高危人群。

但不管怎样，还是要从科学的角度客观地看待这个事情。科学家们也在寻找消除痕迹的方法，对增加前额叶皮质、杏仁核和海马体积的因素，以及增加这片区域活跃性的因素的研究有了一定的成果。

这些因素包括：
- 规律地运动
- 持续地学习
- 服用抗抑郁药
- 以科学为基础的心理治疗

可能大家都已经知道这些事情，对某些人来说似乎也不是很难。但是对于那些在抑郁中走了很长一段路的人来说，列出的这些事情他们可能一生都无法做到。对于那些正在经历压倒性的无助感和无力感的抑郁症患者来说，他们觉得自己被吸入到不可见底的黑暗当中无法自拔。每当令人失去现实感的巨大恐惧袭来时，他们都会觉得自己像在玩跳楼机一样，立足之处的踏板正在以可怕的速度坠落。

对于现实和思想的界限模糊、早上一睁开眼睛就会想"为什么我还没死？"的人来说，这是一件非常困难的事情。他们至少需要花费数周的努力，才能实现一些微小的成就。我也知道这很困难，但还是必须这么做。

请不要去思考"为什么要这么做"，你更应该思考的是"应该怎么去做"。

- 怎么做有规律的运动？
- 如果想坚持学习，应该从哪里开始？
- 服用抗抑郁药要去哪家医院咨询？
- 要在哪里，接受谁的心理治疗？

当抑郁开始压在我们的肩膀之上，我们就会开始怀疑那些简单或中立的事情，总是苦恼于"为什么？"。

"为什么讨厌我？"

"我为什么要活下去？"

"为什么不能死？"

与此同时，令人抑郁的画面会不断侵蚀大脑中可用的"硬件"，硬件的功能不断下降，错误变得越来越频繁。

不要想那么多"为什么"，做就行了。

或许你会觉得除了自己以外，其他人看起来都很有想法，过着有意义的生活，但事实并非如此。相信人生一定要有重大意义的信念，并不是对人生有益的功能因素，而是我们受了伤、筋疲力尽的自恋所留下的一种症状。

生活本身没有什么意义。活着本身就是意义，而且你已经做到了。活着的父母，活着的朋友，活着的孩子，活着的我，这样就足够了。

就这样一天天地活着，突然感到幸福的瞬间变多了，慢慢地，也能为别人做一些贡献。

随着时间的流逝，这样积累的日常生活就是意义所在。总之现在不管用什么方法，都要照顾好那两个拳头大小的大脑，不管是用运动、学习、心理治疗或服用药物*。

不管有效的方法是什么，如果它有足够的科学依

---

* 有些人会问，在接受了心理治疗或者服用抗抑郁药之后，大脑的结构和功能都没有改变的话怎么办？偶尔也会有这样的情况。所以近年来，很多研究人员尝试用机器学习的方法，基于患者个人的大脑特性来预测某些治疗的干预是成功的还是失败的。不幸的是，每当这些研究被发表时，新闻报道中就会出现悲观的词汇，比如"抑郁的大脑""自杀基因"等。但科学并不是为了判断大脑的命运。我们只是想快速判定某些治疗方法是否适合某个人，或是努力寻求第二种治疗方法。为了从长期的痛苦中解脱出来，我们想把研究扩展到更广泛的领域，让那些刚刚来到专业机构的人能够找到最有效的治疗方法。

据,那不妨试一试,多花点钱也没关系。

我经常会半开玩笑地对学生们或来访者们说:"钱最棒了!"因为只要有钱,我们就能扔掉千疮百孔的袜子或拖鞋,改变窗帘设计,给朋友买一杯咖啡,还能尝试不同味道的咖啡,能寻找自己喜欢的口味的啤酒和冰激凌,找到自己穿着舒适的鞋子,还能去远一点儿的地方旅行。

所以,我们必须记住,抑郁会在大脑中留下痕迹,但总有一天它们会变淡。不要为了消除痕迹去寻找人生的意义。名声、成就或任何事物都不应该是我们人生的意义。

请专注于"怎么做",怎么工作,怎么玩乐,怎么相爱。

毕竟,我们还没到死的时候。

临床心理学家的话
不要刻意寻找意义

"有意义的生活"和"快乐的生活"这种定义会让我们的情绪疲惫。"这对你的生活有什么意义?""你幸福吗?"这样的问题会让原本好好生活的我们突然变得不快乐。

本来过得好好的,但经此一问,突然觉得生活应该要有意义,开始思考:我明明不幸福那为什么不努力呢?就这样变得焦虑起来,甚至还会感到内疚,觉得我的家人如此不幸,我不应该感到幸福。

已有研究表明,抑郁的人会感觉时间过得很慢,甚至觉得像停滞了一般,于是让人不禁担心那些没有意义的日子是不是都会过得这么慢。这也会让我们思考死亡。

这时候，我们应该采取什么态度呢？

近几年的治疗趋势并非"堂堂正正地对抗抑郁"，而是用"啊，你来了啊"的态度去平淡接受它。

我不是说要欢迎抑郁，那是一种无谓的精神胜利。抑郁不是值得欢迎的东西，如果可能的话，我们最好不要去经历它。但你要告诉抑郁，你知道它的存在。

工作、爱情的失败，或者是完全不受控制的天生气质，都会带来抑郁。这种时候"啊，你来啦"式的反应所涵盖的接受和承认，可以让我们以主人的态度迎接抑郁的到来。

是的，假设你也在经历抑郁。

当你情绪低落的时候，你需要思考两件事情：
- 探索抑郁的原因
- 寻找能让自己心情变好的东西

慢慢观察抑郁的过程本身就是一项处理抑郁的技术。这时候抑郁就会成为更小的、更弱的、更不尖锐的、更容易理解的事情。

让我们考虑一下,让你感到抑郁和沮丧的这些问题:

是慢性的还是急性的?

是清晰的还是模糊的?

是先天问题,还是外部环境问题?

抑郁是如何找到你的,这是一个很重要的问题。

"为什么我会在这个时候抑郁?"

"抑郁为什么不能离开我?"

"就算我真的抑郁了,我为什么要让抑郁随意扰乱我的情绪?"

"我为什么会执着于有意义的、幸福的生活?"

我们在提出这些问题的同时一定要直面抑郁的根源和现状。

这是因为,当你回避问题、压抑问题的时候,原本在门口徘徊的抑郁情绪就会爬到你的床上。

这种努力应该持续,直到抑郁这个"不速之客"学会看我们脸色以分清该来和不该来的时候为止。这虽然很痛苦,但我们必须坚持这么做。

当我们比较清楚地了解抑郁的原因并直面它的时候，我们就能知道如何停止基于惯性的心理习惯的方法。

"不，你现在可能会抑郁，但这并不意味着你一定要抑郁。"

"不，我想死，但不是一定要现在死。"

"这是心理习惯在作祟，是它在伪装成我的愿望。"

但如果你在这个问题上纠结太久可能会变得更加抑郁，所以你必须在短时间内集中精力坚定地寻找问题的答案。

那些真正抑郁的人会想到"我为什么过得这么好？""我为什么在笑？""我为什么期待明天？"诸如此类问题。他们会感觉内疚，并觉得自己的抑郁是假的，开始怀疑自己其实并没有那么抑郁，自己是不是在以抑郁为借口来获得人们的支持和关注或逃避责任和批评。

问题在于，他们会考虑什么才是真正的抑郁，然后变得更加抑郁。如此，对抑郁真实性的怀疑也是抑郁的一种症状。我们之所以想要辨别自己的抑郁是真是假，与从"我该怎么活下去"到"我为什么活下去"的思维转变有着很大的关联。

专注于"怎么做"时，生活就会变得有趣一些，我们就会远离死亡的概念。但再次纠结于"为什么"要活下去的时候，我们就会觉得必须要有生命的意义，由此而觉得自己活得不那么努力，进而认为自己是可憎的、虚伪的。

"过着既不幸福也没有价值的人生，真的是太悲惨、太糟糕了。"

"发生了那样的事情还过着幸福的生活，真是伪善。"

拥有这种想法的人问我最多的问题就是："我真的不知道为什么非得活下去，这个问题对老师您也没有任何意义，不是吗？"每当他们这么问我的时候，我就会说："人生必须要有什么意义吗？我也只是活一天算一天而已。"

即使有什么是对我有意义的事，那也不是结果，而是整个过程。我活下来的过程、我和你学习的过程、我和你在一起的过程，都是我生命的意义。

而什么样的结果会让抑郁的人感到快乐或有价值呢？关于这个问题则很难说了。

我们从小就习惯了"好事多磨"的文化背景，面对看起来不配享有的幸运、模糊的希望和喜悦，会感到畏惧，仿佛如果你为一件好事高兴的话，会发生什么大事一样。于是我们为还没有到来的、也许永远不会到来的悲剧做准备，然后打破现在的幸福，回到不安和焦虑当中。

所以说想要在生命中找到意义，或者寻找能给你带来意义的某种东西只会让你背负越来越重的负担。

努力准备一个适合盛放自己抑郁的碗。不幸的是，很多人每天都忙于准备考试、工作或育儿，很难确保有这样的时间和专业技能，因此他们也没有机会面对和接受自己的问题。

如果有一天，你感觉自己的人生意义看起来很渺小，抑郁和焦虑涌上心头，就说："啊，你来啦？我现在不太适合迎接你，你先等等。"坦然地面对抑郁，然后寻找能帮助自己的同伴。

寻求心理医生的帮助或和经历过类似问题的人建立一个自助群都是很有帮助的。如果需要，我真诚地建议你遵医嘱，服用抗抑郁药、抗焦虑药和情绪控制药。

然而在书店里，一些起着好看名字的"成功学"著作有的可能非常畅销，但它们对于经历抑郁的人来说毫无作用。有研究表明，抑郁的人在阅读此类书籍时，症状会变得更严重。

那样的书籍反而会让读者们陷入"他的情况比我更糟，为什么我却做不到？"这样的挫败感，或陷入"我一定要成为这样的人！"的想法，把过多的认知和情绪能量投入到空想当中，而当你真正需要解决问题并取得成就时，你已经精疲力竭了。

除了减轻抑郁，你需要不断摸索让自己心情好起来的有效方法。

特别是传统的心理治疗和抗抑郁药对减少抑郁等负面情绪很有用，但并不是说负面情绪消失了，积极情绪就会自动产生，之后的部分应该由你自己负责。

不要放弃，带着为自己创造美好生活的态度坚持

就足够了。

享受比平时更好喝的咖啡，可爱的咖啡厅餐巾，喜欢的美味啤酒，与啤酒搭配的菠萝比萨，以及准时抵达的巴士和电梯就可以了。

实际上，咖啡可以减少抑郁的风险，延长寿命。 一项以两万多名女性为对象的长达10年的追踪调查，及另一项以两千多名男性为对象的研究数据显示了咖啡对抑郁的影响。同时在另一项实施的重大研究中发现，咖啡是所有疾病死亡率的主要保护因素。

泡个热水澡也不错。与简单的淋浴相比，泡澡能减少压力、紧张、不安、孤独、愤怒、抑郁，给人以舒适感。

温暖的肢体接触也不错。倚靠和拥抱，对个人精神健康都有着积极的影响。

有证据表明，领养宠物也可以提高对药物反应较差的抑郁症患者的药效。还有研究表明，在12岁之前和宠物狗一起生活的人，患精神分裂症的概率非常低。

写感恩笔记对提升幸福感的效果也很好，忙的话一周写一次就够了，不要陷入形式主义。

给别人送礼物的幸福感比收到礼物时要高。先要照顾自己。在照顾好自己后还有精力的话，你可以试着照顾周围的人。

吃甜食在短期内能使心情变好，但从长期来看反而会增加愤怒，所以要适当食用。

你还不想运动吧？没关系。以后慢慢来就好，反正我们有的是时间。

不管怎样，要照顾好自己。

你可以追求快乐，也可以寻找有趣的事情。我只希望你能做好自己。

今日作业

重新定义"有意义的人生"。

如果你感到抑郁的话，在纸上写下你推测的原因，并试着和你的抑郁沟通。

心理学小贴士

不要刻意寻找意义

工作或者爱情的失败,抑或是完全不受自己控制的天生气质都会时不时带来忧郁。这种时候要以"哦!你来啦?"的态度接受并承认它,化被动为主动。

9

现在是我们的故事

在乐观与希望之间

我想给你们讲讲临床心理学家们的故事。临床心理学家们都有一种对乐观主义的警觉。这意味着,即使是空话,也不能盲目地和他人说"一切都会好起来"。

有些问题不只是乐观看待生活就能解决的,如果真这么说,听者会觉得你在欺骗他。在痛苦地倾诉完自己的焦虑和担心之后,如果对方来一句无厘头的空话,"一定会好起来的",那只会让人觉得你想快点结束这次对话。

我们这种工作与其他工作的区别在于,我们几乎每天都在重复经历他人被浓缩后的极端生活。有智力障碍者、天才、自杀幸存者、不知廉耻骗取他人钱财的吹牛大王，还有对死亡充满恐惧的8岁儿童以及经历"白发人送黑发人"的80岁老人，等等。

所以刚刚开始工作的时候，会见每一位来访者后，我都会精疲力竭。我必须把刚刚做完的咨询立即放到心里的一个抽屉里，并迅速投入到眼前的交谈中。这样的压力使我神经紧张，尤其是长期处于这种状态下的痛苦使我身心俱疲。

到了最后，有些治疗师会随着工作年限的增长而进入犬儒主义*的时期。工作本身已经足够辛苦，然而当你像检察官一样仔细审察来访者的处境时，又会使你对人性产生幻灭感。父母为什么要放任孩子到这个地步？这个人为什么要喝完酒后折磨自己的家人？这个家庭到底经历了什么才变成这样？这个学生为什么要因为别人的错而自杀？来访者交杂的悲伤和愤怒也在治疗师的心中慢慢凝结。

幸运的是，目前犬儒主义的倾向正逐渐减少。在某一刻，我们会接受生活原本的样子。

慢慢地，有的孩子成长到了和父母相当的程度，

---

*对人类真诚的不信任，对他人的痛苦无动于衷的态度和行为。

有的来访者可以在谈论过去的时候不再流泪，有的来访者的创伤性记忆可以被其他记忆取代或削弱，有的来访者第一次流露出想要像别人一样生活的意图……

这时候治疗师就会发现，试图保护自己的犬儒主义实际上是对来访者的怠慢和无礼。于是治疗师便会开始和病人一起，从一个非常现实的角度去审视希望。渐渐地，治疗师对于来访者经历事情的愤怒会随之平息，也不再会跟着来访者一同祈祷什么奇迹般的救赎。

现在，我们会面对每个人的不幸过去，开始努力思考和寻找某个人或者他所处家庭的当下所需了。

当治疗师和来访者能一同以既不过分乐观，也不过分悲观的视角来审视现在和未来的时候，治疗就会快速生效。这样，来访者就会成长为自己的治疗师，因为他们已经开始意识到，最该对自己礼貌且付出努力的人就是自己。

当我们不去逃避自己的问题，逐渐增加自己的心理"武器"，和身边的同伴或治疗师并肩作战，我们就可以逐渐看到希望。

如果我们能这样坚持下去，或许情绪能慢慢平静下来，或许能重新爱上一个人，或许能比以前更坚强，又或许能在不成功的尝试后，肯定自己的努力，再试一次……这就是我所说的希望。

"希望"这个词很容易引起误会，它听起来很空洞、轻佻。

但在心理学中，"希望"的概念是沉重的。作为预测自杀行为重要因素之一的"无望感"，其指代的就是没有希望的状态。

你想过我们在什么时候才会用"希望"这个词吗？希望并不是在面对简单问题时使用的词语。当人们面对菜单意见不统一、要穿的衣服还没干，或者手机快没电了这类问题时，不会说没有了希望。

相反，我们往往在个人力量难以控制的情况下，才会感受到希望。只有当地震、流行病，或者自己心理上的痛苦如同灾难一般来临时，我们才能体验到一种特殊的认知和情绪状态，即所谓的"希望"。

有趣的是，那些在不可控情况下仍有希望的人，会认为实现希望的可能性只有一半。

事实上，体验希望的关键是个人的能动性。当我们对自己的生活感到难过，从而想要让自己吃好饭、睡好觉、穿好衣服，并决心寻找解决当前问题的最佳方案时，如果在某个瞬间心底产生了陌生的、令人发痒的期待，那就是希望。换句话说，所谓希望，不是"有好事将要发生"的预感，而是在不幸和接近荒谬的情况下，从仍未放弃的努力中感受到的价值。

人们说放弃希望是因为成功的概率太小，这是错的。

从心理学的角度，希望没有概率，希望只能被当下的行动所定义。

希望和乐观是有差别的。乐观是非常积极的。与希望不同的是，乐观主义者常以"这是可以的！"这种方式高度评价实现的可能性。

人人都想先确保未来会成功再付出努力，然而这就是乐观和希望之间最大的区别。从乐观的角度来看，我们会认为有一个比我更强大的人，或者力量来解决这个问题。比起自己，乐观主义更相信一位无所不能的"超人",可能是长辈、导师,又或者是闪电般的运气会给自己带来好的结果,而且概率还非常大。

乐观可能会让你暂时感觉良好,但这不是问题所在。陷入乐观的白日梦只会让你感到无助:一方面在现实生活中投入的精力越来越少,另一方面对自己的评价也越来越苛刻,因此,你手中的产出也越来越少。

例如,一项研究追踪调查了那些经常乐观地想象自己成功的研究对象,结果发现他们的求职活动低迷,职业成就低,年薪也低。另一项研究发现,对于手术后的康复,乐观的病人恢复得比较慢。正是因为盲目地乐观相信,我们已经用尽了所有的心理力量,而"试图回避实际的努力"。

还有一项令人痛心的研究结果表明,当对那些自尊低的人说"你很酷,你很特别",试图以此提高他们的自尊时,他们的自尊反而下降了。因此许多研究人员警告说,毫无根据的乐观主义自我催眠会阻碍个体的成功和成熟。万一事情出了问题,就会带来更大的冲击。

我们也应该停止开"一辈子不想长大"这样的玩笑。还有比这更不成熟的回避方法吗？我们有着成熟的大脑、成熟的脸庞、成熟的处事经验，怎么能如此回避呢？！

不要一直沉浸在强调孩子纯真的隐喻中，从而把成人看成是颓废的、停留在过去的、对未来战战兢兢的存在。长大后的你是一名历经挫折磨难、满身伤痕仍大步向前的幸存者，你值得受到尊敬。

况且，你即使是成人也可以享受纯真的幸福，即使是成人也可以单纯地去爱。即使面对社会上的冷漠和残忍，你仍然坚持着正常的生活，并对自己的努力感到自豪。你会在深夜打开一罐啤酒，把咖啡店的优惠券发给一位最近很辛苦的朋友——用成年人的方式。

我们要远离对努力生活的他人报以嘲笑态度的人。当我们想要为自己的生活负责时，那种希望的分量不容他人轻视。

我们每天都要更加成熟。

如果你能在自己的行动中看到希望，并且像个成年人一样了解并战胜自己的无力感与疲惫是最好的。

白日梦与乐观只能暂时刺激你脑中的"奖赏回路",希望你不要试图装作没有看到问题,而最终陷入拖延与内疚的恶性循环中。

相反,如果你对忘记过去、迎接希望的自己感到恐惧而习惯性地为自己的心理层层加压,从而对自己和未来徒增悲伤的话,我希望你停止这样的自我虐待。

也许有一天你会突然冒出一个念头——"或许……在这件事情上我可以努努力",开始拥抱生活的希望,那么请你承认它,让这种陌生的感受在你的内心生根发芽。请让希望建立在实事求是的基础之上。当我们顶着生活的压力努力地过好自己的日子时,就会自然而然地产生这种希望。

请丢弃那些让人失去行动力的犬儒主义与乐观主义。只有我们自己创造的希望才能保护我们的生命,让我们的每一天变得珍贵。

能让你开心、让你爱、让你放松,还能给你带来更宽广的世界的,是沉重的希望,而不是荒诞的乐观。

不打"无胜算"之仗

总有一些东西是我们无法改变的。

原生家庭成员的坏脾气、与某些人之间的关系、要维持自己当下生活所需要的外部条件、患精神病的家人对治疗的拒绝……

在进行心理咨询时,我发现很多来访者都想要改变一些不可改变之事。他们相信这种改变是可能发生的,为此倾尽心力,最后落得伤心的下场。尽管这些事不论何时来看都不会改变,但是总有一些错觉让他们持续地为此白白浪费心血。

"那个人好像马上就会改变了,我认为我在他的一生中是很重要的,那个人也明白他在我这一生中的重要地位,我相信我有改变他的力量……"

然而，他虽然看起来似乎要改变，但其实根本没有要改变的想法；

虽然我在他心中很重要，但他并不会把我放在他人生中的第一位；

虽然我认为他很重要，但也不是非他不可；

也许我有改变他的力量，但实际上，先改变自己才是更加有效、健康的方法。

每个人都有可能陷入"我能控制、改变现状"这类的错误想法。在这场毫无胜算的战斗中僵持了几个月、几年之后，我们便会因为没能打赢这场仗而回过头来怀疑自己的价值。我想说，我们可能会在没有注意到他人与环境的残酷情况下保持努力，却没有收获，但这并不意味着我们没有价值。

＊＊＊

当咨询双方的交谈关系变得亲近、融洽后，有的来访者会说出这样的话："**打架要跟狐狸学，不能跟熊学。要打能赢的仗。**"

对于我想要讲什么，你应该已经明白了，只是不知道要怎么做吧。

由于根据不同的问题、不同的对象会有不同的"战斗"方式,这本书目前无法提供具体的方案。但是不管什么情况,在加入"战斗"前都应该提前预测一下这场"战役"的走向。哪怕只是预测几分钟以后的事情,我们也能抢先几步读懂局势。

取胜是要有一定运气的,所以我们很难预知一场战争的胜利。相反,当下来看,分辨一场战争是否毫无胜算则比较容易。

"在尝试过那么多办法之后,现在回头仔细想一想,你有多大的机会能改变对方呢?既然我们要选择先'打有胜算的仗',你认为这场'仗'有可能'赢'吗?我们能够选择在什么时候'获胜'吗?"

仅仅这几个问题就让来访者的脸上露出了复杂的情绪——不愿接受的结局被揭开的瞬间。

当然,我们在生活中并不能每次都只选择"打有胜算的仗"。但在我们的心理力量还不够强大时,通过这种方式来渡过难关是有必要的。

当我们有了无论如何也要保护的人(这个人也可

以是你自己），心灵成长到既不过分坚强也不过分软弱时，我们就能够从容地参加"必输之战"了。但在这之前，我们必须先搞清楚自己应该在什么时候全身而退。

当下正是你的好运。这个好运并不是你所想的那种好运，而是让你从往事的禁锢中重获自由的机会。我们不需要站在一条"不走也罢"的道路上深感伤心与自责，我们也不是没有努力过。环境还没有准备好改变，而你想要改变的对方，也有可能永远也准备不好。

这是你的错吗？

我为你的时间感到非常可惜。

* * *

对于一些在完全可以预见结果的道路上驻足，想要亲眼确认结局的人，我想让你们明白，这些不过是一种错觉。

如果不能及时解决目前这件事，我们心中的能量就会留在那里。曾有研究尝试在研究对象考试的途中强行抽走试卷，并统计研究对象对于考试问题的回忆程度。结果发现，那些题目还未完成的研究对象对于考试题会有更清晰的回忆。这一结果也在"蔡加尼克效应"的研究中得到证实。

因此，我们总会惦记一些未完成的事情，并反复回顾那次失败，再次回到那个地方，再次受到伤害。但是，即使我们能够让自己倾注的努力成为不变的常数*，他人的经历与意图也还是很大的变数。要记住，在人际关系中，未完成的事情有很多。圆满的幸福结局固然是好的，但从概率上讲，不圆满的概率是更大的，也更常见。因此，我们并非一定要亲自了结那些事情。

还有些人想要成为别人生活中的救世主。他们带着一厢情愿的善意，对那些还没准备好的人做着毫无实际成果的努力。在这种情况下，如果他们对于他人世界的影响力没有被及时认可，控制的欲望没有被及时满足，那么他们的额叶就会缺乏阻止这些想法的力量，从而加深他们的自卑感与愤怒。

---

* 其实我们任何人的努力也不可能成为常数。对于任何人来说，周日与周六的努力程度肯定是不同的，早上9点与晚上9点的努力程度也肯定不同。千万不要高估人类的能力。

如果心理学专业的本科生或学习心理咨询的人们产生了这样的想法，他们的导师就会迅速修正这些初学者的动机与认知。只有这样，才能让那些初学者学会考虑现实中对双方来说最紧要的事情。

除了上面所说的，我们持续投入到"毫无胜算的战斗"中，还有可能是因为对于之前一段时间努力的不舍。无法收回的投资费用、精力、时间等给我们的心理带来的沉没成本过于巨大，以至于我们难以放手。

在这种情况下，我们如果不承认前期牺牲与努力的失败，一味继续投入更多的心理成本，就会陷入沉没成本的泥潭而铸成大错。如果我们不停地调整对待自己的方式，还会陷入心理上的拉锯战。更何况，对于一些从未尝试也不敢尝试"及时止损"的人来说，甩甩手洒脱离开并不在他们的行动选项之中。

然而，明智的放弃对于我们心理机能的调适非常重要。

如果无法判断是否应该继续坚持当下的挑战，那么请你思考下面的三句话：

- 就算从头再来，我也没法更加努力了。
- 这么做的成效与改变微乎其微。

- 其实还有别的路可以走。

如果现实同时符合这三句话，那么请你头也不要回地放弃吧。这条路不适合你。

在依照计划做完该做的努力之后，请拍拍手，宣告任务完成。这可能算是暂时的"休战"，也有可能"战斗"从此就结束了。这时，如果需要的话，剩下的"战斗"就交给别的专家，或者合适的对手，然后把自己的心思收回来吧。你可以把它用在别的地方，并渐渐发现，自己也可以更好地运用精力。

＊＊＊

事实上，对"屡战屡败"的担忧是一种孤独感。这种孤独本身就使我们忧虑，与此同时，还可能让本就处于不利状况下的"战斗"更加不利——我们要留心这种可能。

美国芝加哥大学心理学教授约翰·卡乔波参与的历时10年的追踪研究结果显示，孤独感会在生活的各个方面增加人的自我中心性，此后自我中心性还会反过来影响孤独感，二者互相强化。

"别人也是像我一样的高等智慧生物，他们各有各的驱动力、意图与经历，并会以此为基础做出有条理的决策。"

如果有人对此难以理解，那么这只会加重他的痛苦与郁闷，让自己的努力白费功夫。

"他竟然也会思考，只是逻辑和我不一样而已！"

"我不是他，也不是他的一部分。"

"我不过是他周遭环境的一部分而已。"如果不能接受"作为他人环境的我"，只会以自我为中心考虑问题的话，我们在试图了解局势时，就只能使用指向自己的社会技能与心理资源，降低对当下环境的实际判断力。更有甚者，还可能在显然该退让的不利局势下，仍坚持过时的、以自我为中心的"地心说"。

为了能"打个聪明仗"，现在需要我们进行自我的客观化。只有学会从他人的角度来看待自己，才能冷静地预测局势，选择"反击"的好时机，甚至意外发现能够逆转局势的突破口。

在我们过于投入一段关系，或是被孤独感压垮，而后又过分夸大了这件事的重要性时，客观化能够让我们明白，其实这件事的成败对于我们的人生并非那么重要。

当我们把视线从身边方圆一米的"战场"转移到稍远几步的周围时，不管在线下还是在社交媒体上，我们都能发现等待着与你一同分享情绪与安慰、建立连结的人。他们之中，有的手里端着辣炒年糕，有的举着季节限定的冰激凌，有的脑海中还回荡着新播出电视剧的相关话题，正为无聊无处消遣而发愁。

* * *

这段时间坚持得很辛苦吧？

但实际上，你的过去已经没什么力量影响你的未来了。你可能想问："如果再次遇到那样地狱般的状况，再次遇到那样无法战胜的人，我会有什么反应呢？我还会像以前那样做吗？"

不，不会的。我可以肯定地说。

"那些人，那些事再也不会对我造成那么大的影响了。我已经不在那个位置上了。或许我正站在比那个事件发生地点更高的地方，又或许我正站在一张完全不同的地图上。这些改变正源自我的决心。"

"我在自己的优点、缺点之上，在能够感受到幸福的地方不断学习，比起当年已经成熟了许多。我深知一个心理成熟的人该如何待人接物。现在，除了我自己，已经没有人能伤害到我，我逐渐可以守护我自己了。"

如果随着时间的流逝，有一天你发觉有一场"仗"值得去"打"，并且你想看到"战斗"的结局的话，我会支持你的。

但是你不能为了"战斗"而执意将自己带入到对方所处的境况中——至少在你发觉自己根本不可能真正理解对方这一点之前。

优雅地面对失败

你听说过"优雅降级"这个词吗？它是指一种系统在遭受重大损坏或接收不兼容信息时，还能避免直接崩溃，维持有限运转的网络功能。我在讲到人类信息处理能力时，经常提到这个概念。

举个例子，在我们尝试用新版本的幻灯片软件来打开旧版本的文件时，虽然有些功能无法启动，但是仍然可以正常读写文件。同样地，虽然人类的衰老会使大脑的机能下降，但是它仍然可以完成它该完成的任务。

我们今后也会不断地经历失败。在工作过程中，在开始或维持一段关系的过程中，我们的心灵都会经历大大小小的损伤。

我希望，每当你经受失败的时候都能想起"优雅降级"，优雅地面对它。我还希望你的心理弹性能因此得到增强，进而能够在面对失败时与之保持足够的距离，好让自己有时间思考自己到底想要成为什么样的人。

在获得成功的时候，你可以像个孩子一样开心地打滚，但在遭遇失败的时候，我希望你能更加干练和优雅。我们的大脑就是这样慢慢成熟的。我们自出生以来就具备这样的天性。

在这个意义上，我想补充三点。

* * *

第一点，就算你正因为频繁的失败而经历着长时间的空虚与乏力，你也必须起身做点什么。

"没有人爱我，我是个失败又没用的人。"这样的想法既没有明确的证据，也不够具体，你却拿它来盲目地衡量自己。

可是——

"真的所有人都讨厌我吗？"

"我真的没有活下去的理由吗?"

"这段时间我真的一直都很不幸吗?"

"真的所有的事情都会失败吗?"

在提出这些问题之后,我们曾经习以为常的、过度泛化的、茫然的破碎世界与真实的生活事件之间就会产生一道裂痕。这道裂痕会让我们明白,其实这件事还没到那种程度。

网络用语"小确幸"这个词的出现曾一度引起我的担心。"微小而确实的幸福",似乎也反过来预示着非常贴近理想的"大确幸"的存在,而这一点反而会让人们轻视自己的幸福。

但是,**幸福本来就是这样的——微小而琐碎。**

我们都有独自经历"小确幸"的时光。

然而在某个瞬间,我们会把这些时光强行关在大脑的某个狭小房间中,默念"我现在不幸福"的咒语将房门紧闭。此后,细小的幸福就从我们的记忆中消失了。

一方面,我们的大脑与心灵一同创造了"我是不会为这种程度的事而感到幸福的"这一无形枷锁,另一方面我们又要为了维持这种不幸而模糊的束缚而耗费心力。由此，我们对于瞬间的沉浸感与幸福感的注意力会减少，活力也随之下降。

如果我们反复咀嚼已经过去的事情，抱着"我很快就会像往常一样再次落入不幸的深渊。等我撞上真正的好运之后，再放下心来吧"的想法，那么我们的视野就会越来越窄，进而变本加厉地督促自己。

这么做是不行的。

要抱着"还要怎样"的态度生活。

我们要一边想着"能做的我都做了，还要怎样？"，一边紧紧抓住我们的记忆与思绪。哪怕在失败之后，我们也不能任由情绪自由漂流，一定要"做点什么"。打个比方，就像是在面对一个向上揪着"我"辫子的人一样，我们要坚定地站起来，这才是更为优雅的解决方式。

在又一次被深不见底的焦虑与抑郁瞬间笼罩时，你甚至可以试着放声说出这句话来结束这一瞬间。

"一定要做点什么！"

有了你的命令，大脑就会真的开始准备"做点什么"了。只有坚持不懈地保持习惯，才能让你走上正轨。

* * *

第二点,不要压抑自己的期待。

期待与失望反复上演的经历当然很痛苦。如果我们能掌握在任何情况下都不感到失望的方法固然很好,但是对于绝大多数人来说,期待的破灭必然会带来失望。

真正需要注意的是那些过深或者过久的失望。比如为了展示给他人的表面上的失望,还有为了掩盖自己并未尽力的欺骗性的失望。这种失望会扭曲你的人格结构。拥有这样人格的人即使在面对一些本可以一笑而过的小事时,也会多余地为自己辩解,或者无端地向大家许诺事成之后要分享的好处。

更重要的是,你越感到失望,越会害怕期待。可是回过头想想,当你不期待时,就能够不失望了吗?期待与失望似乎是两码事。

请不要压抑自己的期待。

你的期待不是过错,你只是单纯地期待而已。你的期待既有可能毫无理由地实现，也有可能毫无理由地落空。

期待没有罪，你也没有罪。

只是情况如此而已。

有些事情本就会给你带来不幸的感觉，与你的努力或期待无关，而是取决于你的运气和实际情况。

这并不是因为你不够努力。

你已经做到了该做的。

你曾数百次抚慰受伤的心灵，想着无论如何都要坚持到最后。对于这些，其实你心里都清楚。

你只是运气不好。

如果你就是这个世界的主人公就好了，但其实我们谁也没有重要到那么不可替代的地步。

我们难以企及那么高的价值，但是达到你我本身这样的高度，其实已经足够了。

去期待吧。

期待明天的好天气，期待完美的午餐；

期待久违的郊游，期待新上映的电影与电视剧。

尽管有可能面临失望,但在失望之后重新拾起的力量同样来自不知疲倦的期待。

中午的鸡蛋三明治很差,但晚上的牛肉盖饭也许会很好;

这次的工作毫无成果,但明天要看的电影也许会很有趣。

我们的爱好就是"期待",即使面临着数百次的失望。

* * *

最后一点,请不要指责或者回避自己的依赖性。

我希望你能温柔地接受这一点。

有些人得益于丰富的文化环境、认知资源和较高的社会经济条件,能够有机会学习独立,并尝试独立的生活。这的确令人羡慕。然而,我们没有这样的机会,并不是我们的问题。

如果"我"没有依赖性,不脆弱,没有情感上的弱点和个人的缺陷的话就好了,但是有的话也没关系。这并不是失败。大多数人生来就拥有一个具有依赖性和社会性的大脑。我们会逐渐学会平静地看待我们的这些碎片，并让它们成为我们的一部分。

我们不需要因为自己的依赖性与不适应而感到羞耻，进而孤立自己。随着时间的流逝，该离开的人自当离开，会留下的人也自会留在你身边。

在这期间，我们已经逐渐了解了什么叫独立的生活，并且逐渐成长起来了。所以在与人相处时，能相处就继续相处，不能相处也没有什么，我们欣然接受就好。

* * *

你完全可以不用这么敏感。

努力即可，切勿消磨心力。

了解即可，切勿过分在意。

随着我们对自己的依赖性越来越坦然，对各式各样的自己越来越能够理解与包容，我们就能逐渐找到提高我们（与原本的依赖性相比而言的）独立性的有效方法了。

如果想要在这时谈恋爱,那么你不仅仅要审视你们两个人在一起时,更要检查自己一个人独处时是否能感受到幸福。在决定恋爱、同居以及结婚之前,你必须能保证你是一个可以自己取悦自己的人。如果你在感受到孤独的时候选择你的另一半,两个人之间就很容易会产生异常的驱动力,并开始一段病态的关系。最理想的恋爱和婚姻是分离与融合在一瞬间自然相合的关系。更何况,从夫妻间的育儿问题到双方家庭问题,从经济问题到健康问题,当各种问题纠缠在一起的时候,这段关系会很容易陷入异常状态。

不要试图寻找能"填补你人生空白"的另一半。

不论他/她是谁。

我们还会持续经历各种失败。

对此,先不谈"喜忧参半",我们至少没有必要"一悲到底"。不要对每次失败都感到受挫。希望你可以把自己从没有必要做的事情、想法和信念中柔和地剥离出来,而不是用非黑即白、成王败寇的逻辑来规定自己。

在必须要做的事情上,希望你和与你站在一起的人能够竭尽全力以避免陷入不幸，剩下的就交给命运与时间吧。

希望你明白，不论你有多么痛苦，不论你的愿望如何，会失败的事情终究会失败的，而你也并非要为此负全责，你本来也不是一位会给别人带来很大麻烦的人。希望你能够从因外显自尊的降低而膨胀的自我意识世界中解脱。

这不是你的错。

就算失败让你陷入沮丧的情绪，我也希望你能明白，这种情绪并不意味着什么。

现在，你是自己的监护人，自己的负责人。

你正在过着自己的人生。

请与贬低你价值的、消极的人或环境优雅地保持距离。

没有什么事能让你丢掉这样优雅的姿态。

我还不了解我自己

我还不了解我自己。

尽管已经有了数十年的研究积累,但我仍不清楚无意识—前意识—意识这一结构中究竟隐藏着怎样的记忆与情感。

所以,请你不要随随便便地评判自己。

请不要给每一件事都赋予意义,并为此故步自封。

请不要为了迎合外界的期望而委屈自己。

过上你想要的生活其实并不难,你只要每天至少吃两顿饭,培养一个兴趣爱好,简单地去爱身边的人和事就够了。

你不必执着于完美,也不必对任何事都鞠躬尽瘁。

你的心理问题既不能说明你是个失败者，也不能说明没有人爱着你，更不能说明你没有价值。

患有心理问题其实就像患有肺炎一样，只能说明你需要接受适当的治疗和适时的休息，与失败与否、价值有无、他人是否爱你没有必然联系。

然而，在某个瞬间，蚕食着你的抑郁与焦虑会突然对你说：

"你是个失败者，没有人爱你，你毫无价值。"

这令人厌恶的声音会越来越大，越来越复杂多变。它变换着各种各样的形式来让你深深陷入无力与绝望之中。经历过抑郁的人应该都很清楚那种绝望感。

但是，我们不能沉湎于这个声音，以及这个声音为我们设定的角色中。不要让抑郁、焦虑、依赖性、委屈感、负罪感、完美主义、内向的性格，以及理想上的自我束缚住你的脚步。当你努力逃离时，请不要被突如其来的困惑与陌生的情感惊吓而缩回到原处。

人类本来就很复杂。

我们可以在抑郁中寻求幸福，在失败中学习教训，在维持一段关系的过程中保持独立。要知道，已有研究表明，即使是对于那些在不稳定型依恋关系中长大的成年人来说，也可以用五年左右的时间建立新的稳定型依恋关系。

就算做不到也没关系。

但请不要仅仅纠结于事情本身，而要多思考思考如何解决它。

事实上，我也还不了解我自己。

* * *

请不要用职业成就建立自我认同。

很多人都会谈论工作中的不幸。（对于家庭主妇来说，家庭就是职场*）在职场上，不确定和不可控的感觉会不断威胁你。你会思考"似乎我只能干这个，干不了别的"，进而不断降低自我价值感。

然而，实际上我们并不一定要在工作中实现自我。我们可以利用在工作中赚的钱，在其他地方实现自我价值。如果想要帮助他人，我们可以用攒的钱捐款；

---

* 对于家庭主妇来说，家庭就是职场。如果在家庭中感到不幸，那么问题就很有可能会长期化、严重化。这是因为她们"下班"后没有可以休息的"家庭"。

如果想要学习更多知识，我们还可以用攒的钱加入研讨小组，或者自己组织学习小组。

工作和职业成就只是你的一部分。除了"怀揣责任心，和优秀的同事一起为更好的成绩而竭尽全力"的态度外，请不要用职场中的成就或地位来评判自己。没有必要向自己以及他人强调自己所处角色的重要性。这其实也是一种自我意识的过剩。一旦我们开始认为做某件事的人一定是我，我们就会投入不必要的力量，从而卷入到"情绪劳动"中，耗尽精力。

研究表明，如果一个人坚持背负着其在组织内的代表性并想要取得成就，那么他的表现水准会随之下降。

请不要赋予自己过于重大的意义，不要执意负担起逐渐扩大的生活意义以及生活意义中缺失的那一部分。

请不要为别人而活。

你自己的幸福才是首要的。

* * *

请不要通过人际关系或是与他人的比较来填补空虚感或自我概念。

最新研究表明，尽管高自尊可以带来社会支持的相关关系成立，但是社会支持提高后可以提高自尊的模式还尚未得到证实。

我们尤其不能仅仅着眼于扩展人际关系的广度而进行网络社交。将自己希望展现的日常生活与人际关系上传到"虚拟广场"上的行为，也会使人感到不适、自卑与被剥夺感。题为《他们活得比我幸福、比我好》的论文研究了这种个人的不幸。研究表明，我们在接触互联网社交时会不自觉地进行社会性的比较。相比于那些看起来更辛苦的人，我们更容易在和看起来更加幸福的人比较时加深自卑、嫉妒心和不稳定的自尊。

简单来说，假设我在社交软件上有365名好友，他们每天都在和失眠、悲伤与焦虑做斗争，同时每人每年内会依次在不同的一天中发生一件好事。当他们每个人都只上传一次看起来很幸福的照片时，我们将365天每天目睹他人遇到的好事。最终，我们便只能每天反复回答"为什么没有人邀请我参加派对？""为什么我在周末晚上没有约会？"这类没有答案的问题，来为自己的抑郁寻找理由。然而，对于我们自己来说，我们在365天中也至少有一天会发生好事啊！

每个人都在为生存而努力，只是我们看不到而已。

我们也一样。我们各自都如此生活着。

因此，请不要随意将自己和他人的生活价值简单化、标签化，仅仅寻找那些符合之前结论的线索。

另外，我们需要抽出一点儿时间来区分在自己一生中重要的和不重要的人。

在生活中，我们不时地会产生羞耻感、自卑感、敌对感，甚至毁灭感。当类似的负面情绪涌上心头时，我们就需要辨别那个人是否真的在我们的一生中具有重大意义。实际上，其结果大多是否定的。

就像垃圾短信一样。

当我们收到一条垃圾短信时，我们不会对此深究，不需要循着电话号码打回去，询问对方是如何知道自己的电话的、意图是什么。我们只要扫一眼，按下"拉入黑名单"的按钮，然后继续工作就好。

当认识到某个人在我们的生活中毫无意义时，那些曾经折磨我们的情感会烟消云散。一段时间的愤怒过后，我们最终也会试着去理解那个人，产生"考虑到他的人生经历，他说出那样的话似乎也是情理之中"这样的想法。这样也不错。一旦经历了这一时期，那个人所做的事、所做的评判就不再会干扰我们的生活，甚至有时会显得微不足道。

无论是对自己还是对别人，你都可以保持不生气，保持优雅的姿态。

我们不需要为了得到那些并不重要的人的爱而改变自己。我们要把那些自以为准确的负面自我认同感以及苛刻的批评打包丢弃，为那些我们可以亲切接受的、关于自己的想法与感受腾出位置，给丰富多彩的生活积攒力量。

这不是笑话：你有可能既内向又外向，也可能时而敏感时而迟钝；你有可能因为容易受到他人伤害，而拥有很强的同理心，也有可能因为常常陷入抑郁与焦虑，而能够看到他人眼中没有的世界。

你可以对自己的各个方面都更加温柔，更加善良。对你最爱的人讲你可以讲的话吧。不要对自己那么无礼。

我们可以通过"重新养育"来逐渐变得"健壮"，在焦虑的旋涡中优雅地昂首阔步，拒绝和把"我"当作情绪垃圾桶的人接近。

＊＊＊

这一切正慢慢进行着。

请不要在那些受伤已久的、深深的伤口还没有愈合时，就因为好奇而急切地反复扒开伤口查看："正在好转吗？""你为什么在笑？""这样也没有关系吗？"请不要这样考验自己与他人。在接下来的几年里，慢慢接受自己吧。

无论你对自己多么宽容，你也还是会努力，还是不会给他人带去麻烦的。这就是你的天性。如今你可以更加放松地理解、宽容对待你自己了。

不管是你的恋人还是你的心理医生，如果有人可以安稳地拥抱你、安慰你一段时间是非常好的。不过就算没有遇到这样的人也没关系，你也可以认可你自己。

心里要默念：做得好，你做得好！

别的我不清楚，

但我知道，

你一定做得好，做得很好。

心理学小贴士

不要随便评判你自己

所谓希望,不是"有好事将要发生"的预感,而是在不幸和接近荒谬的情况下,从仍未放弃的努力中感受到的价值。人们说放弃希望是因为成功的概率太小,这是错的。从心理学的角度,希望没有概率,希望只能被当下的行动所定义。

后记

我们还不了解我们自己,所以将我们自己定义为不正常,为了拥有健康的自我费尽心力或是想要放弃。

长期的负面思考与本来的自我变得无法分离,我们自己内心的数千张面孔也都被埋藏在其中,难以窥见。

这本书试图从脑科学与心理学两个方向提供探索自我的通道。

脑科学研究大多旨在揭示情感与思维的神经生物学机制,试图运用大脑语言或认知性语言解释一些难以触及的心理问题,并为问题的处理提供良好基础。

很感谢你能够在读这本书的过程中,读完这些陌生的"大脑故事"。请不要为了了解大脑的各区域及其功能而浪费太多精力——希望你能在这复杂迷宫的尽头记住这一点。

人们如果在旅行时感到腿疼可以自然而然地责怪腿,"今天很累,慢点走吧";在工作过程中如果划伤手指的话可以埋怨手指,"手指划伤了,工作很吃力"。

然而当我们的大脑功能出现异常，进而引发一系列精神健康问题时，我们一般不会轻易责怪大脑。我们常常认为，无力、自卑、焦虑、抑郁等问题都是"我的错"。

对此我想说，其实我们把它看作"大脑的错"是更科学的。

大脑也是会犯错的，大脑也会由于它自己的错误操作，导致我们走上歧途。幸运的是，不知不觉间积累了数十年的科学研究，已经为我们的归途点亮一盏明灯。尽管其中的具体原理我们并不十分清楚，但这些研究仍可以成为我们了解自己的重要材料。当某一天与我们努力无关的厄运引发了我们世界的震动时，我们不妨给大脑一些批评。此后，也请依据情况腾出时间，让我们孩子气的大脑稍事休息。它做了它该做的，它也已经尽力了。

至于临床心理学的部分，我想以心理学家的研究及建议为基础，回到正在经历临床心理问题的人们的故事本身。

临床心理学常常评估、研究精神疾病，关注其诊断与干预治疗，旨在解决精神疾病。因此，我认为大家应该是怀着沉重的心情来阅读我所熟知的这些案例的。如果你对于这些故事感到生疏、很有负担的话，那是很好的。你没有经历过这样的故事真是万幸。然而，可能还有一些人会觉得这本书的每一章都好似在讲述自己的故事。这是因为我已将众多事例编到这本书的每一章中，从而映射出了我们每个人各自的问题。

从来就没有始终"正常"的人，同样，也没有始终幸福的家庭。弗洛伊德将精神的"正常"状态定义为"些许歇斯底里""些许偏执"，再加上"些许强迫症"等情况。

我们就是这样。

不完整得刚刚好，也完整得刚刚好。

这样就够了。

希望你能慢慢明白，其实一直以来你的运气都很好。

在读这本书时你会发现，那些能够直面他人讥讽的认知资源与生理机能，那些在线上线下购书的人们看来并不陌生的社会文化经验，那些能在父母犯错时指出、能在感到抑郁时写下日记的语言文字表达能力，以及那些能够感受到他人无礼言行并对此表示不愉快的道德水准，等等，这一系列品质，尽管可以通过后天努力求得一部分，但是大部分仍要靠先天的好运气。

偶然结合的基因，

偶然相遇的家人和身边的人们，

偶然获得的学习经验，

这些偶然的部分很大程度上决定了你。

有研究表明，高智商会导致抑郁与焦虑；有研究表明，创造力较高也会导致抑郁；还有研究表明，当一个人的脆弱与缺陷暴露时，人们对于他的好感度会增加……正如这些研究展示的一样，那些让你感到绝望的因素，其实正是被你忽视的好运。

在你意识到这些你所错过的好运时，也希望你能联想到那些连这些好运都没有的社会弱势群体。

较高的智商，较好的社会经济状态，较好的教育，较好的社会支持网络等资源，可以在精神健康问题上带来重要的缓冲，然而这些资源大多源于运气而非个人努力。

缺乏认知资源的人应当接受什么样的心理治疗呢？换句话说，在认知资源不足的情况下，如何才能获得审视自己的能力呢？不，一定要获得这种能力吗？

如果主观感知到的社会经济状态以及社会支持网络较为薄弱，怎么办呢？其实，在这个问题中真正重要的是"感知"这个概念。研究结果显示，比起实际的社会经济和支持网络状况，人们所能感知到的状况才是问题所在。那么如何能让人们感觉到社会在给予他们支持呢？

当然，还是先请你达到一定程度的幸福后再来回答这些问题吧。

只有你自己幸福了，才能知道如何给他人带来幸福。无论如何，先把自己排在优先的位置。

在这本书中登场的每个事例、讲述的每个故事，也让我同样痛苦。对于自尊本就每天上下起伏的我来说，这些主题的写作也并不容易。我曾一边往返于心理实验室与咨询室之间,一边下定决心要写一篇相对客观的文章。然而,随着我面对你我二人产生的悲伤与慰藉、痛苦与感激交织在一起,最初的那点决心也逐渐变得黯然失色。

  你若是在人生的不同阶段反复阅读这本书,可能会有不一样的感受。随着你心境的不断变化,有时你会感到疼痛,有时你会感到烦躁,有时你可能还会不禁读出声来。你会在这样的过程中不断走向成熟。

  在这之后,你可以把自己的故事也加入到这些故事中来,并由此给身边的人带来有益的启发。

  最后,我真心希望你能慢慢明白:谁也不能凭借什么理由伤害背负着数千个故事的你,不断产生的新鲜期待则能继续扩写你的故事。

  感谢阅读。希望这本书能够照亮某个人的心灵,哪怕是其中的一小部分。

  希望这本书能减少你的自责与悲伤。